감수

오야마 미츠하루

고등학교 물리교사, 치바현립 현대산업과학관 상석연구원 등을 거쳐, 현재 치바현 종합교육센터에서 주임지도주사로, 과학교육 커리큘럼 개발과 과학기술교육지도를 담당하고 있어요. 일본에서 출간된 책으로 《가정에서 즐기는 과학의 실험》, 《즐거운 과학 실험》, 《우리 주변의 도구로 대실험》 등이 있어요.

강선남

현재 수명중학교 과학교사로 학생들을 가르치고 있어요. 2001년 '서울시 학생 발명품 경진 대회 지도교사상', 2008년 '서울과학축전 표창장' 등을 받았고, 지은 책으로 《요술쟁이 빛》, 《소리는 어떻게 날까》, 《한번만 읽으면 확 잡히는 중학교 과학》, 《자석에는 힘이 있어요》, 《거울공주 도희》 등이 있어요.

옮김

고선윤

서울대학교 동양사학과를 졸업했고, 한국외국어대학교에서 일어일문학 문학박사 학위를 받았어요. 현재 백석예술대학 외국어학부 겸임교수로 대학생들을 가르치고 있어요. 번역한 책으로 《3일 만에 읽는 동물의 수수께끼》, 《해마》, 《세상에서 가장 쉬운 철학책》 등이 있어요.

글 과학이야기 편집위원회 | 옮김 고선윤 | 감수 오야마 미츠하루 · 강선남 | 그림 이태영

서울문화사

1판 1쇄 인쇄 | 2012년 3월 5일
1판 1쇄 발행 | 2012년 3월 15일
글 | 과학이야기 편집위원회
그림 | 이태영
감수 | 오야마 미츠하루, 강선남
옮김 | 고선윤
발행인 | 유승삼
편집인 | 이광표
편집팀장 | 최원영
편집 | 이은정 배선임 이희진 박수정 박주현 오혜환
라이츠 담당 | 유재옥
마케팅 담당 | 홍성현
제작 담당 | 이수행 김석성
발행처 | 서울문화사
등록일 | 1988.2.16
등록번호 | 제2-484
주소 | 140-737 서울특별시 용산구 한강로2가 2-35
전화 | 7910-0754(판매) 799-9194(편집)
팩스 | 749-4079(판매)
출력 | 지에스테크
인쇄처 | 서울교육
표지 및 본문 디자인 | design86
ISBN 978-89-263-9198-3
978-89-263-9181-5(세트)

작가의 말

학부모님께

치바현 종합교육센터 | **오야마 미츠하루**

어린이들이 성장을 거듭하면 기분도 행동도 더욱 적극적으로 바뀝니다. 호기심과 의욕이 넘치는 어린이들의 질문에 우리 어른들은 정성을 다해서 대답해야 합니다.

과학의 여러 분야를 공부하면서 어린이들의 관심 분야는 더 넓어졌습니다. 그리고 여러 가지 의문을 가집니다. 어린이들이 묻는 질문에 제대로 대답을 해 준다면 빛과 물, 영양분을 적절하게 머금은 씨앗이 싹을 틔우듯이 어린이들의 미래가 크게 자랄 것입니다.

이 시기에는 특히 직접 체험하고 관찰하는 일의 소중함을 가르쳐야 합니다. 이렇게 배우는 자세는 어린이들이 어른으로 성장해서도 자신의 마음속에서 살아 숨 쉴 것입니다.

〈Why and How 과학이야기〉는 과학을 좋아하는 어린이들이 재미있게 읽을 것입니다. 뿐만 아니라 이제까지 운동이나 음악만 좋아했는데 이제 자신의 몸이나 우주에 대해서도 관심을 가지기 시작했다는 어린이들에게도 흥미가 생기도록 편집했습니다. 또한 위인전기로 파브르와 벨의 이야기를 다루었습니다. 두 사람의 끈기 있는 관찰력과 노력의 중요성을 어린이들이 배우기 바랍니다.

어린이들이 이 책을 읽고 작은 수수께끼를 풀었을 때의 기쁨을 느끼고, 그것을 어른이 되어서도 간직하여 보람 있는 생활을 할 수 있기를 바랍니다. 그리고 우리 어린이들이 현재 사회가 안고 있는 많은 과제를 훌륭한 어른이 되어 해결해 주리라 믿습니다.

〈Why and How 과학이야기〉는 어린이들이 궁금해하는 과학적 내용을 주제별로 나누어 1~3페이지로 구성하여 하루 10분 책 읽기를 생활화할 수 있도록 만들었어요.

1 1~6단계 수준별 구성

과학적 호기심을 키우는 질문과 답이 1~6단계 수준으로 구성되어 있어, 어린이 수준에 맞는 과학 지식을 체계적으로 쌓을 수 있어요. 뿐만 아니라 본문 글자의 크기와 글의 양을 수준별로 차별화하여, 단계적으로 학습량을 늘릴 수 있어요.

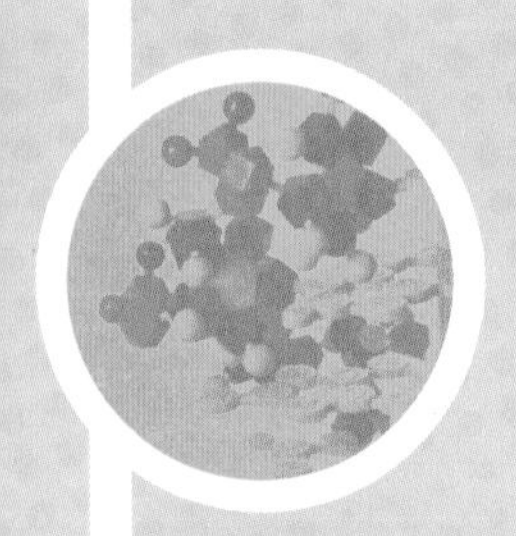

〈Why and How 과학이야기〉
1 ~ 6권

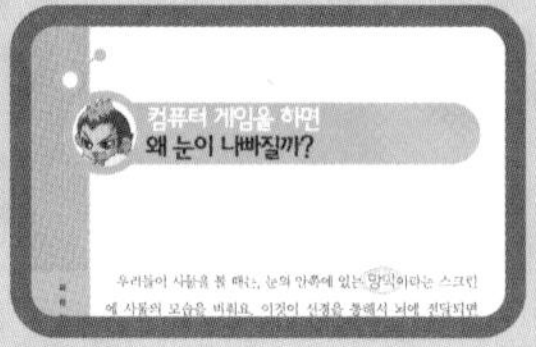

레벨 3 에서는 컴퓨터 게임을 많이 하면 눈이 나빠지는 이유를 쉽고 재미있게 풀이했어요.

레벨 4 에서는 레벨 3의 내용과 연계하여 눈의 구조와 눈물이 나는 원리를 풀이했어요.

- 위와 같이 [레벨 3]에서 [레벨 4]로 이어진 내용을 읽다 보면 과학 지식을 체계적으로 쌓을 수 있어요.

2 분야별 내용 구성과 과학 핵심 단어 선정

과학 이야기를 우리 몸, 생물, 음식과 생활, 지구와 우주 4가지 분야로 나누어 과학의 전문성을 높였어요. 또 어린이들이 꼭 알아야 할 내용은 핵심 단어로 선정하고 강조하여 책을 읽으면서 과학 지식을 자연스럽게 학습할 수 있어요.

3

색다른 3가지 과학 코너

알면 알수록 신기한 '놀라운 과학', 쉽게 할 수 있는 '신나는 과학 실험', 과학적 호기심과 창의력으로 성공한 '위대한 과학 위인' 등 색다른 3가지 과학 코너를 통해 과학 학습의 재미를 한층 높였어요.

알렉산더 그레이엄 벨

장 앙리 파브르

4

만화 캐릭터 & 일러스트

재미있는 만화 캐릭터와 핵심적 특징을 잘 표현한 일러스트가 각 페이지마다 내용과 잘 어우러져 있어서 어린이들이 흥미롭고 재미있게 글을 읽으며 과학과 쉽게 친해질 수 있어요.

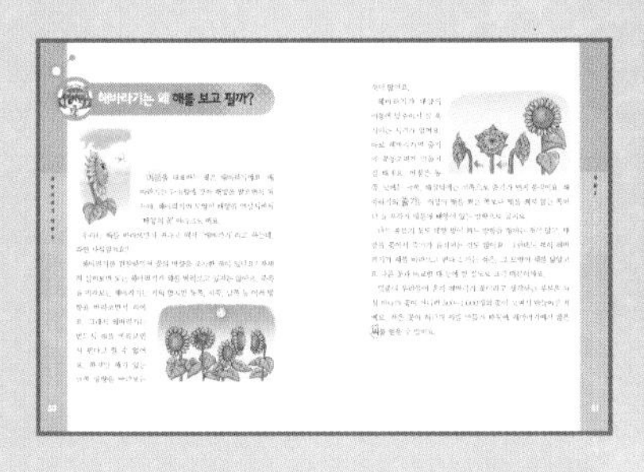

1 우리 몸

2 생물 1

3 생물 2

4 음식과 생활

5 지구와 우주

과학이야기 Level 04

우리 몸

아기는 배 속에서 어떻게 지낼까?

배 속에 아기가 있으면 어머니의 배는 점점 커져요. 그 안에서 아기가 자라고 있기 때문이지요.

배 속의 아기는 처음부터 태어날 때의 모습을 하고 있지 않아요. 처음에는 아주 작은 알과 같은 모습을 하고 있답니다. 알 모양의 아기가 성장해서 한 달이 되면, 아가미와 꼬리가 생겨서 물고기와 같은 생김새로 변해요. 그 후 손발이 자라고 아가미와 꼬리가 없어지는데, 약 3개월이 지나면 갓난아기와 비슷한 모습이 돼요.

아기는 어머니의 배 속에서 어떻게 살고 있을까요?

배 속의 아기는 '양수'라는 액체 속에 둥둥 떠 있어요. 아기는 코나 입으

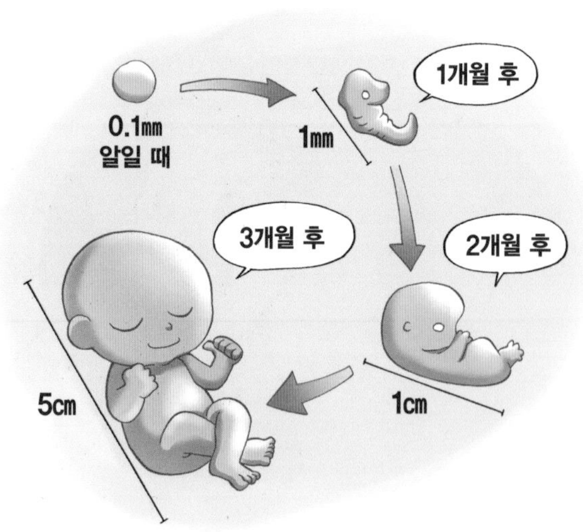

로 숨을 쉬거나 입으로 음식을 먹지 않아요. 아기의 몸은 '탯줄'이라는 관을 통해 어머니와 이어져 있어 어머니로부터 영양분과 산소를 얻을 수 있어요.

아기는 배 속에서 잠만 자는 게 아니라 규칙적인 리듬을 가지고 잠을 자기도 하고 깨어 있기도 해요. 깨어 있을 때는 다리를 굽히거나 펴는 등 몸을 움직이기도 해요. 빨리 바깥으로 나가고 싶다고 몸부림치고 있는지도 몰라요.

아기는 자신의 손가락을 빨거나 양수를 꿀꺽 마시면서 어머니의 젖을 먹는 연습을 해요. 그리고 바깥의 소리도 들을 수 있기 때문에 자기에게 따뜻한 말을 건네는 가족의 목소리를 기억할지도 몰라요. 아기는 이렇게 배 속에서 여러 가지를 연습하고 태어난답니다.

왜 어깨가 뻐근할까?

어머니나 아버지의 어깨를 주물러 준 적이 있나요? 그때 혹시 부모님의 어깨가 너무 딱딱해서 놀라지는 않았나요?

엎드려서 책을 읽는 등 무리한 자세를 오랫동안 지속하거나, 컴퓨터를 오랜 시간 사용하면 어깨가 뻐근해질 수 있어요. 이것은 어른이든 아이든 누구나 마찬가지예요.

피의 흐름이 나쁠 때

어깨가 뻐근해지는 원인은 주로 근육의 피로와 스트레스라고 해요. 오랜 시간 같은 자세로 있으면 근육이 피로하거나 스트레스를 느껴, 근육을 긴장시키는 신경의 활동이 활발해져요. 근육이 긴장하면 혈관이 수축해서 피의 흐름이 나빠져요.

피의 흐름이 나빠지면 근육에 산소가 충분히 공급되지 않아요. 그러면 근육에 통증을 느끼게 하는 물질이 만들어져요. 이때 나오는 물질의 하나가 젖산이에요. 젖산이 쌓이면 몸이 나른해지고 어깨가 뻐근해지면서 통증이 생겨요. 근육이 '피곤하다.'는 신호를 보내는 것이지요.

이럴 때 어깨를 통통 때리거나 주무르면 기분이 좋아지는데 바로 피의 흐름이 좋아지기 때문이에요. 통증을 느끼는 물질이 혈액과 함께 흘러서 점점 통증이 사라지고 근육도 부드러워져요. 몸을 굽혔다 폈다 하며 스트레칭을 하거나 목욕탕의 따뜻한 물 안에 있어도 피의 흐름이 좋아져요.

피의 흐름이 좋을 때

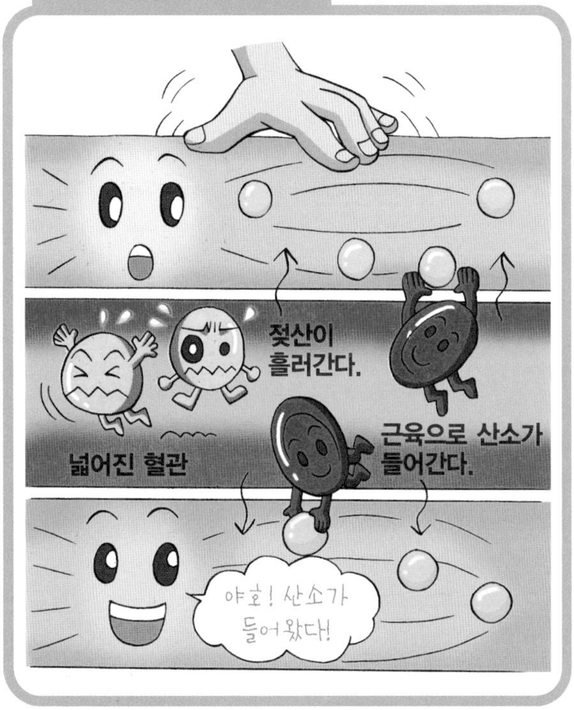

아침밥을 먹는 게 왜 좋을까?

시간이 없다고 아침밥을 먹지 않는 사람들이 많아요. 이렇게 아침밥을 먹지 않는 사람들은 많은 손해를 보고 있는지도 몰라요.

아침밥을 먹으면 어떤 점이 좋을까요?

첫째, 아침밥을 먹으면 머리의 움직임이 활발해져요. 뇌를 움직

이게 하려면 포도당이라는 영양소가 필요해요. 포도당은 밥이나 빵, 과일을 먹으면 만들어져요. 그렇기 때문에 아침밥을 먹지 않으면 뇌의 활동이 둔해져서 집중력이 떨어져요.

둘째, 아침밥을 먹으면 체온이 올라 몸이 활발하게 움직이기 시작해요. 잠이 덜 깬 몸을 빠르게 움직이게 하기 위해서는 아침밥을 먹는 것이 좋아요.

셋째, 아침밥에는 배 속 리듬을 조절하는 기능이 있어요. 매일 정해진 시간에 식사를 하면 음식이 잘 소화되고 배변을 상쾌하게 볼 수 있어요.

넷째, 아침밥을 먹지 않는 사람보다 살이 잘 찌지 않아요. 아침밥을 안 먹으면 우리 몸이 하루에 두 번의 식사만으로는 영양소가 부족하다고 생각해서, 몸에 영양소를 모아 저장해요. 그래서 살이 잘 찌는 체질이 되는 거예요.

이렇게 아침밥을 먹으면 좋은 점이 참 많아요. 건강한 하루를 보내기 위해서 아침밥을 꼭 먹도록 해요. 만약 늦잠을 자서 아침밥을 먹을 수 없을 때에는 요구르트나 야채 주스를 마시는 것도 도움이 돼요.

책상다리를 하면 왜 발이 저릴까?

오랫동안 앉아 있다가 일어서면 갑자기 다리에 쥐가 나서 일어서지 못할 때가 있어요. 다리가 저릿저릿하고 움직일 수 없는데 시간이 좀 지나면 이 증상이 사라져요.

다리가 저린 것은 오랜 시간 다리를 구부린 채로 체중을 싣고 있던 바람에 다리의 피 흐름이 나빠졌기 때문이에요.

다리 안에는 '만진다.' 등의 감각을 전달하기 위한 신경, 몸을 움직이기 위한 신경, 그리고 통증을 전하는 신경 등이 지나고 있어요.

다리의 신경에 전달되는 피의 흐름이 나빠지면 이런 신경이 제대로 작동하지 못해요. 예를 들어 다리가 저릴 때 발바닥을 만지면 마치 딱딱한 구두를 만지듯 감각이 없어요. 왜냐하면 감각을 전하는 다리의 신경이 약해졌기 때문이에요.

또한 자신이 원하는 대로 다리를 움직이지 못하는 것은 몸을 움

직이는 신경이 잠깐 약해졌기 때문이에요. 그러나 통증을 전하는 신경만은 살아 있어서 신호를 계속 보내기 때문에 다리가 따끔따끔 아파요. '피의 흐름이 나쁩니다. 신경이 세게 눌리고 있습니다.' 라고 몸의 이상을 전하는 위험 신호이지요.

그래서 다리가 저릴 때는 피의 흐름을 좋게 해야 해요. 다리를 쭉 뻗으면 약해진 신경도 점점 회복된답니다.

왜 입에서 냄새가 날까?

밥을 먹고 이를 닦지 않으면, 입 안이나 이에 쌓인 음식물 찌꺼기를 영양분으로 살아가는 세균의 수가 늘어나요. 이 세균이 고약한 냄새를 내지요.

특히 세균은 밤에 자고 있는 동안 많이 늘어나요. 그 이유는 침의 양과 관계가 있어요. 침에는 입 안에 있는 세균의 숫자를 줄이는 효과가 있어요. 하지만 자고 있는 동안은 침이 나오는 양이 줄어들어요. 그래서 아침에 일어나면 입 안의 세균이 늘어나서 끈끈해지거나 숨에서 고약한 냄새가 나는 거예요.

아침에 일어났을 때 입 안 세균의 숫자는 저녁밥을 먹은 뒤보다 약 30배나 많다는 연구 결과도 있어요. 체온보다 온도가 높은 입 안은 세균이 자라기 좋은 곳이에요. 그 대신 잠들기 전에 이를 닦으면 세균이 잘 자라지 않아요.

그런데 김치나 불고기 등 마늘이 많이 든 음식을 먹어도 입에서 냄새가 많이 나요. 금방 이를 닦아도 마늘 냄새는 쉽게 사라지지 않아요. 혹시 마늘 냄새가 입 안에 찰싹 달라붙어서 그런 게 아닐까 하는 생각도 들지만 사실은 그렇지 않아요. 마늘 냄새가 나는 이유는 혈액 속으로 스며든 마늘의 성분에 있어요. 그래서 아무리 이를 닦고 입 안을 깨끗이 해도 냄새가 나는 거예요.

인플루엔자에 왜 걸릴까?

인플루엔자는 인플루엔자 바이러스에 감염되어 생기는 병이에요. 기침이나 재채기로 사람에서 사람으로 감염되지요.

해외에서 발생한 바이러스가 비행기를 타고 오는 승객을 통해 옮겨져 우리나라에서 발견되는 경우도 있어요. 이렇게 인플루엔자 바이러스는 전 세계적으로 퍼져 유행하기도 해요.

인플루엔자 바이러스는 뾰족뾰족한 가시가 있는 둥근 모양을 하고 있어요. 아주 작아서 보통 현미경으로는 볼 수 없어요. A형, B형 두 종류가 있는데 매년 유행하는 형이 달라요.

인플루엔자에 한 번 걸려서 면역성이 생겼다고 해도 매년 조금씩 모습을 바꾼 바이러스가 유행하기 때문에 늘 주의해야 돼요.

인간 인플루엔자 바이러스뿐만 아니라 새나 돼지에도 인플루엔자 바이러스가 있어요. 이런 동물 인플루엔자 바이러스가 변해서 사람에게도 감염되는 새로운 바이러스가 될 가능성이 있어요.

기침 혹은 재채기로 날아 흩어진 바이러스가 목이나 코 안에 달라붙어서 몸속으로 들어가 늘어나면 38도 이상의 높은 열과 함께 두통이 생겨요. 또한 몸에 기운이 없고 나른해지는 등 몸 전체에 증상이 나타나요. 어린이, 노인, 환자 등 저항력이 약한 사람은 몸이 더욱 약해져서 죽는 일도 있어요.

인플루엔자 예방을 위해서는 손을 잘 씻고, 입 안과 목을 자주 헹구어서 몸에 달라붙은 바이러스를 씻어내는 일이 중요해요. 또한 예방 주사를 맞으면 인플루엔자에 잘 걸리지 않고, 만약 인플루엔자에 걸려도 가볍게 지나갈 수 있어요.

인플루엔자 예방법

① 예방 주사를 맞는다.

② 입 안과 목을 자주 헹군다.

③ 비누로 손을 자주 씻는다.

나이가 들면 왜 주름과 흰머리가 생길까?

어떤 사람이라도 나이가 들면 얼굴에 주름이 생기고 흰머리가 나고 뼈가 잘 부러져요.

우리 몸은 세포로 이루어져 있는데 조금씩 새로운 세포로 바뀌어요. 그런데 나이를 먹으면 새로운 세포가 잘 만들어지지 않아요. 나이를 먹으면서 생기는 몸의 변화는 몸의 세포가 줄어들거나 기능이 약해졌기 때문에 생기는 거지요.

주름은 피부에서 만들어지는 새로운 세포의 수가 줄어서 생겨요. 또한 피부를 촉촉하게 하는 기름과 수분이 줄어들어서 피부가 까칠해져요. 즉 피부 밑의 세포가 줄거나 수분이 적으면 피부는 처지고 주름이 생긴답니다.

머리카락이 검은 것은 머리카락 속의 멜라닌 때문이에요. 나이가 들어서 멜라닌을 만드는 세포의 기능이 떨어지면 멜라닌이 만들어지지 않아요. 그래서 머리카락은 색이 없이, 하얀 그 상태로 자라나 흰머리가 되는 거예요.

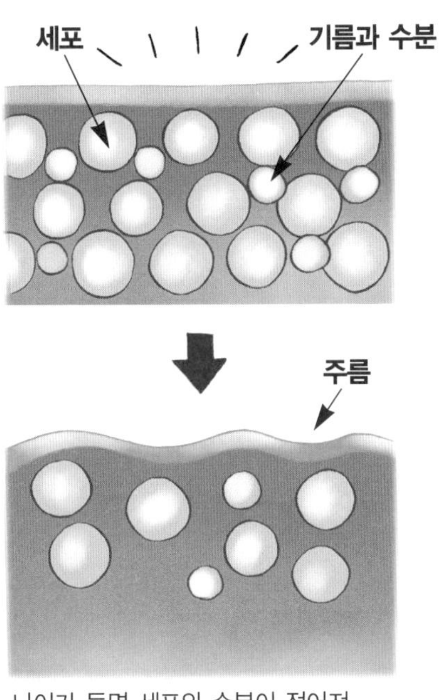

나이가 들면 세포와 수분이 적어져
피부는 처지고 주름이 생긴다.

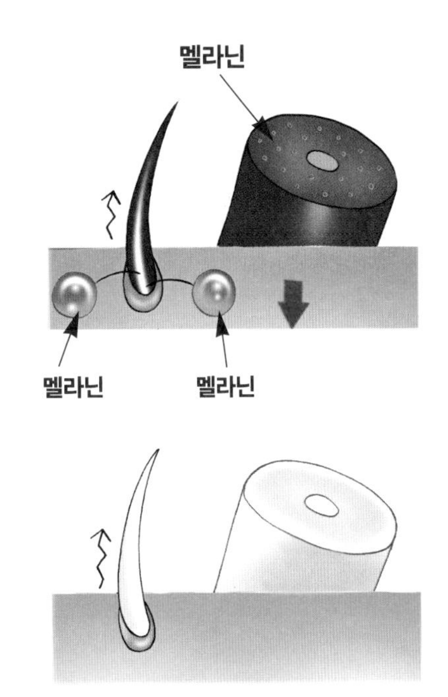

나이가 들면 멜라닌이 만들어지지
않아서, 머리카락은 흰색이 된다.

또한 나이를 먹으면 뼈를 만드는 세포의 기능도 둔해져요. 그래서 뼈 안에 구멍이 생겨서 약해지고, 허리가 굽어지거나 뼈가 잘 부러져요.

사람의 수명을 조사한 한 연구를 보면 사람의 수명은 가장 긴 경우가 약 120세라고 해요. 건강하게 오래 사는 사람의 공통점은 균형 잡힌 식사를 하고 매일 운동을 하는 것이라고 해요.

달리면 왜 배가 아플까?

점심시간 다음 체육 시간에 오래달리기를 할 때 갑자기 옆구리가 아파서 달리지 못한 경험이 있나요?

달릴 때 옆구리가 아픈 이유에는 몇 가지 주장이 있어요.

첫 번째는 '식사를 한 다음에는 위와 장에 혈액이 부족해지기 때문'이래요. 식사를 하고 나면 위나 장이 잘 활동할 수 있도록 혈

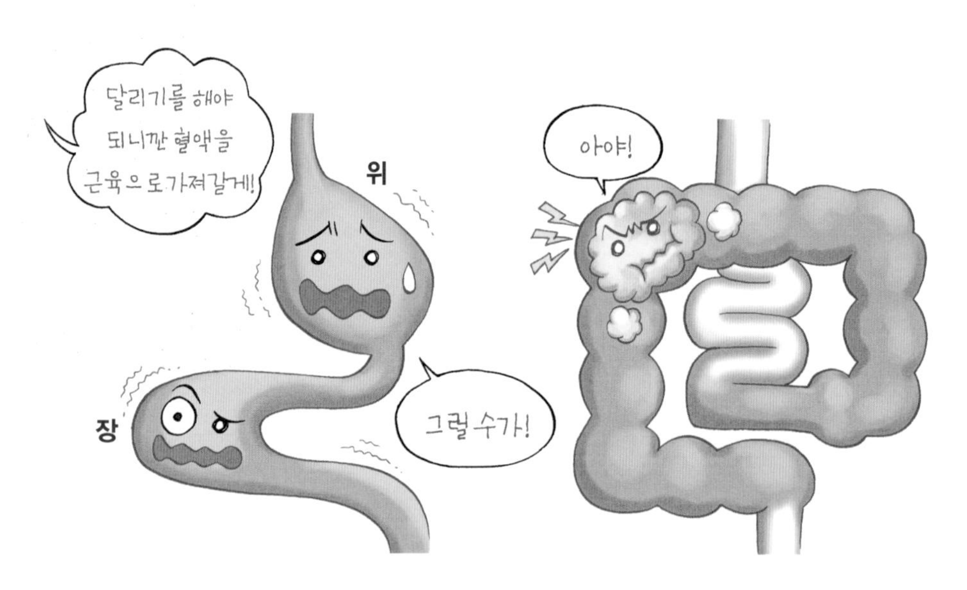

액이 위나 장으로 많이 보내져요. 그런데 이럴 때 달리게 되면 혈액이 근육을 움직이는 데 사용되어서, 위나 장에 보내지는 혈액이 줄어들어요. 그리고 혈액이 줄어든 위장이 경련을 일으켜서 옆구리가 아프게 된다는 거예요.

두 번째는 '달릴 때의 진동으로 장 안의 가스가 대장의 굽은 곳으로 모여서 이것이 옆구리의 통증으로 이어지기 때문' 이라고 해요. 최근 연구에 따르면 이 주장이 가장 가능성이 높아요.

이 밖에도 '평소 운동을 하지 않은 사람이 갑자기 달리면 횡격막이 경련을 일으켜 옆구리가 아프다.' 는 주장과, '내장의 하나인 비장이 갑자기 줄어들어서 아프다.' 는 주장이 있어요.

이렇게 달릴 때 옆구리가 아픈 이유는 여러 가지가 있지만, 평소 달리기를 잘하지 않거나, 준비 운동 없이 갑자기 달릴 때는 대부분 옆구리가 아파요. 특히 식사를 하자마자 달리는 것은 몸에도 안 좋아요.

달리기 전에는 간단한 스트레칭을 해서 옆구리가 아픈 것을 예방하세요.

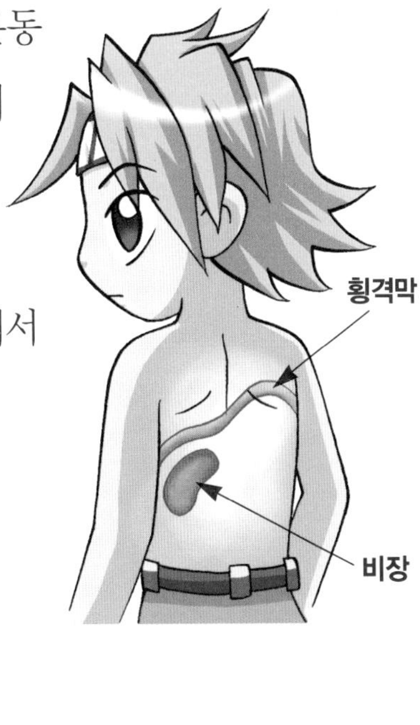

점은 왜 생길까?

우리 몸 여기저기에는 점이 있어요. 점은 사람에 따라서 위치나 모양이 다르기 때문에 누군가를 구별하는 특징이 될 때도 있어요. 옛날 유럽에서는 멋을 부리기 위해서 얼굴에 가짜 점을 그리는 일이 유행하기도 했어요.

점의 정체는 작은 검은 반점인데 의학용어로는 '색소성 모반' 이라고 해요. 사실 갓 태어난 아기에게는 점이 거의 없어요. 점은 3~4세 때부터 늘어나기 시작해서, 사람에 따라서 그 숫자가 다르지만 어른이 되면 보통 500개 정도의 점이 생긴다고 해요.

그렇다면 점은 왜 생길까요?

점은 검은 멜라닌이 모여서 만들어진 거예요. 피부 안쪽에는 멜라닌 형성 세포(멜라노사이트)가 있는데 그곳에서 멜라닌이 만들어져요.

태양의 자외선이 많을 때, 피부는 자외선을 막기 위해서 멜라닌 형성 세포에서 멜라닌을 많이 만들어요. 이것이 피부가 검어지는 그을림이에요. 이때 멜라닌 형성 세포가 멜라닌을 너무 많이 만들면 그곳만 눈에 띄게 색이 짙어져서 점이 돼요. 멜라닌 형성 세포가 활발하게 활동하면 옷 밑 등 직접 빛을 받지 않는 곳에서도 점이 만들어진답니다.

자외선 외에도 병 때문에 점처럼 보이는 반점이 생기기도 해요. 점이 갑자기 커지거나 출혈이 생길 때는 병원에 가야 해요.

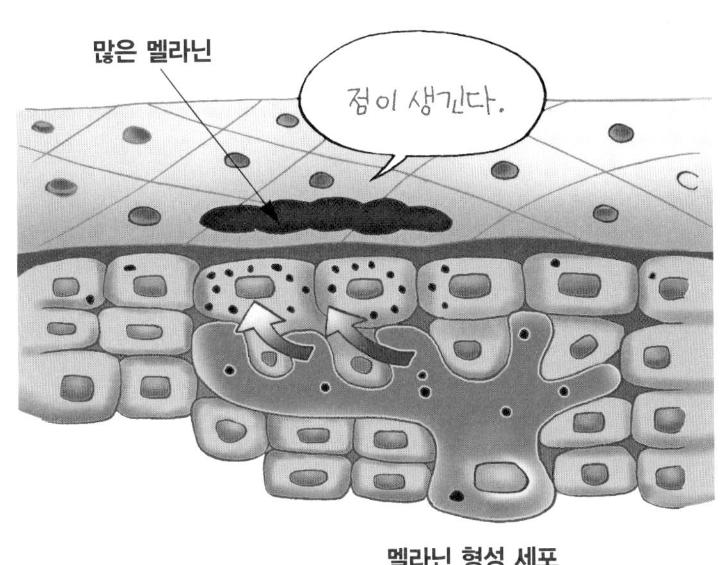

멜라닌 형성 세포
(· 은 멜라닌)

눈물은 왜 날까?

눈에 먼지가 들어가거나 양파를 자를 때 눈물이 나요. 또한 슬프고 억울한 일이 있을 때도 눈물이 나지요.

눈물은 윗눈꺼풀 안쪽에 있는 눈물샘이라는 곳에서 만들어져요. 눈이 마르지 않도록 눈물샘에서는 항상 조금씩 눈물이 나와요. 눈에 먼지가 들어가면 먼지를 씻어내기 위해 다량의 눈물을 만들고 먼지를 눈물과 함께 눈 밖으로 흘려보내요. 양파를 자를 때도 양파에서 나오는 물질에 눈물샘이 자극을 받아서 눈물이 나요. 이처럼 눈물은 눈을 지키는 역할을 하지요.

그런데 슬플 때는 왜 눈물이 날까요?

눈물샘은 몸의 움직임을 조정하는 자율 신경이라는 신경과 이어져 있어요. 슬플 때 눈물이 나는 것은, 뇌가 자율 신경을 통해서 '눈물을 흘려라.' 라는 명령을 내리기 때문이지요. 그런데 뇌가 왜 그런 명령을 내리는지 그 원인은 확실하게 밝혀지지 않았어요.

슬플 때 흘리는 눈물에는 눈을 지키는 눈물과는 다른 성분이 포함되어 있어요. 스트레스를 느낄 때 분비되는 호르몬인데, 눈물과 함께 몸 밖으로 빠져나가요.

그래서 '슬플 때 눈물을 흘리면 마음을 안정시키는 효과가 있다.' 고 생각하는 학자도 있어요.

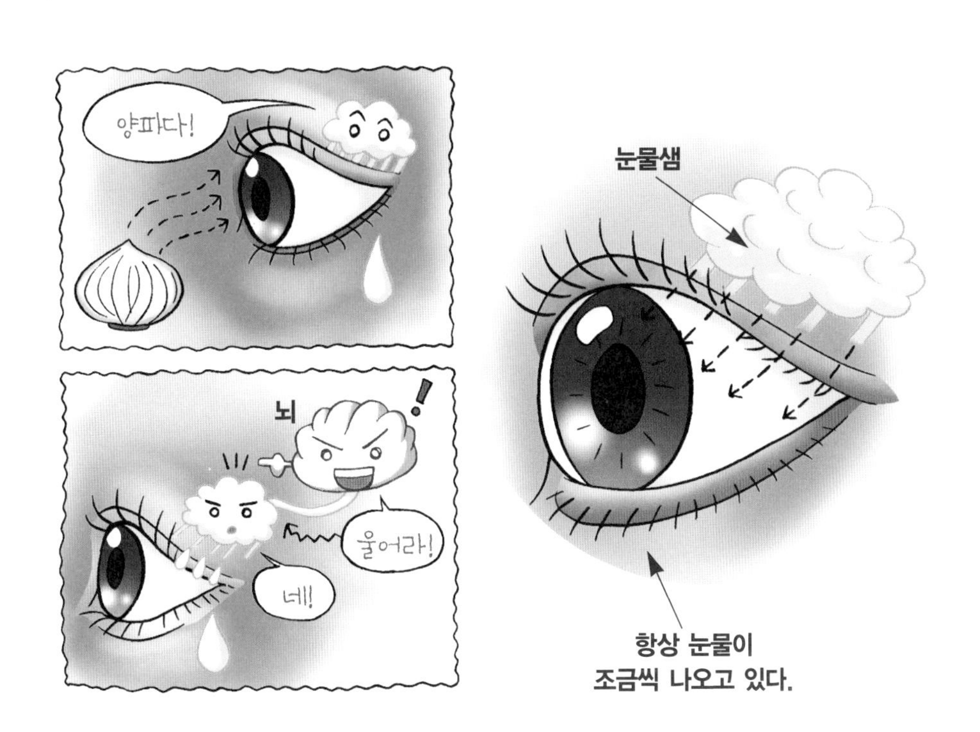

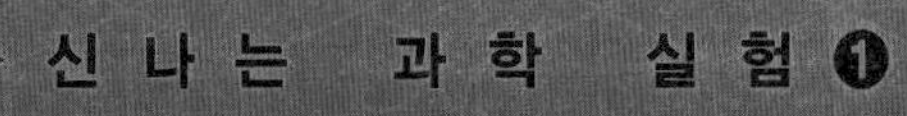

한쪽 다리로 서서 균형 잡기

한쪽 다리로 서서 어느 정도 버틸 수 있는지 실험해 볼까요? 보통 한쪽 다리로 서는 것과는 조금 다르기 때문에 주변을 깨끗하게 정리하세요. 실험 중에 넘어질 수도 있으니까요.

먼저 여러분들이 생각하는 한쪽 다리 서기를 해 보세요. 아주 쉽다고요?

다음에는 그 상태에서 눈을 감으세요. 몸이 흔들리지 않나요? 아마 넘어진 친구들도 있을 거예요. 눈을 뜨고 있을 때와는 많이 다르죠?

이제 눈을 뜨고 또 다른 실험을 해 봐요.

도화지에 검은 줄무늬를 그려요. 그리고 친구한테 부탁해서 이 도화지를 20~25센티미터 떨어진 곳에서 옆으로 천천히 움직이게 해요. 여러분은 한쪽 다리로 서서 그 도화지를 보세요.

어떤가요? 비틀거리지 않았나요? 왜 그럴까요?

우리들이 똑바로 서 있거나 균형을 잡고 걷거나 달릴 수 있는 이유는 귀, 눈, 그리고 뇌가 기능을 하기 때문이에요.

귀 안쪽에는 3개의 고리 모양의 관으로 이루어진 반고리관이 있어요. 반고리관 안에는 잔털이 나 있고 액체가 가득 차 있답니다. 몸이 기울어지면 반고리관 안의 액체가 움직이는데, 그 움직임을 털이 감지해서 뇌에 바로 전달해요. 그래서 만약 몸의 균형이 망가지면, 그 순간 무의식중에

도 바로잡게 되는 거예요.

눈도 관계가 있어요. 눈으로 주변의 경치를 보는데 몸이 기울면 경치도 기울어져 보여요. 이 상황을 전달받은 뇌는 몸에 명령을 내려서 몸의 균형을 잡게 하지요.

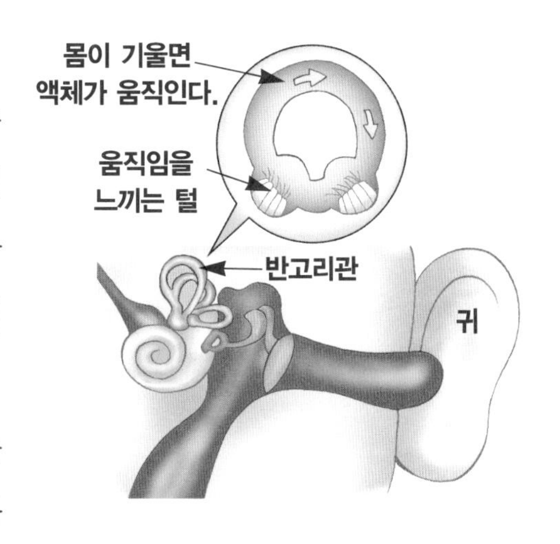

두 눈을 감고 한쪽 발로 서면 눈으로는 균형을 잡기 위한 정보가 들어오지 않아요. 귀는 들리지만, 눈은 감고 있기 때문에 몸의 균형을 유지하는 데 필요한 정보가 제대로 들어오지 않는 거예요. 그래서 균형이 망가지고 결국 넘어지게 돼요.

줄무늬를 보고 있을 때는, 눈으로부터 들어오는 정보가 헷갈려요. 눈이 줄무늬를 쫓고 그것을 뇌에 전달하는데, 뇌는 땅이 움직이고 있다고 잘못 판단하는 거예요. 그 움직임에 맞추어서 균형을 잡으려고 하기 때문에 오히려 균형을 잡지 못하는 것이지요.

과학이야기 Level 04

생물 1

-동물·어류 편-

도마뱀의 꼬리는 잘려도 왜 다시 생길까?

적에게 쫓길 때 신기한 방법으로 달아나는 생물이 있어요. 스컹크는 구린내 나는 방귀로 겁을 주고 오징어는 먹물을 뿌려서 눈속임을 하지요.

도마뱀류 중에는 적을 만나거나 꼬리를 잡히면 스스로 꼬리를 자르는 신기한 방법으로 달아나는 도마뱀이 있어요.

잘린 꼬리는 마치 다른 생물처럼 꿈틀꿈틀 움직여요. 꼬리를 자른 도마뱀은 적이 잘린 꼬리에 정신을 팔고 있는 사이에 달아나지요. 그러나 모든 도마뱀이 꼬리를 자르는 것은 아니에요. 카멜레온과 같은 도마뱀류는 꼬리를 나뭇가지에 말아서 생활을 하기 때문에 자를 수가 없어요.

꼬리를 자를 수 있는 도마뱀도 자르는 부분

이 정해져 있어요. 그 부분은 주변의 근육이 수축해서 피가 나는 것을 막을 수 있고, 새로운 세포를 생성해 새 꼬리를 만들어요. 하지만 꼬리의 뼈는 없어지기 때문에 꼬리를 자른 적이 있는 도마뱀인지 아닌지는 뼈가 있는지 없는지를 살펴보면 알 수 있어요. 만약 정해진 부분이 아닌 다른 곳이 잘리면, 잘린 상태 그대로 더는 꼬리가 다시 나지 않아요.

또한 새로운 꼬리를 나게 하는 것은 몸에 큰 부담을 주는 일이랍니다. 꼬리에 영양분을 저장하는 종류의 도마뱀들은 꼬리를 자르면 영양 상태가 나빠져서 몸이 약해지기도 해요. 그리고 성장력이 남아 있지 않거나 건강하지 않으면 새로운 꼬리는 나지 않아요.

한 번이라도 꼬리를 자르면 몸 균형이 나빠지기 때문에 자유롭게 움직이지 못하고, 적에게 잘 잡혀요. 그리고 무리들 사이에서 먹이를 먹는 순서가 밀리기도 하지요. 사실 도마뱀에게도 꼬리를 자르고 달아나는 일은 매우 큰일이에요.

고양이가 얼굴을 비비면 왜 비가 올까?

고양이가 앞다리로 얼굴이나 귀 등을 비비는 동작을 '고양이가 세수를 한다.' 라고 해요. 그리고 고양이가 이런 행동을 하면 비가 내린다고 예로부터 전해지고 있어요.

고양이는 정말 날씨를 예상하고 그런 걸까요?

비가 오기 전에는 습도가 올라가지요. 그러면 공기 중에 습기가 많아져 고양이 수염이 조금 길어져요. 고양이는 길어진 수염이 신경 쓰여 얼굴을 비비는 동작을 한답니다.

그래서 고양이가 세수를 하면 비가 온다는 이야기는 맞는 말이에요. 하지만 비가 올 것을 예상하고 그런 행동을 하는 것은 아

니에요.

고양이가 얼굴을 비비는 동작은 비가 오기 전이 아니라도 볼 수 있어요. 고양이는 수염을 깨끗하게 하기 위해 얼굴을 자주 비비거든요. 고양이 수염은 '촉모'라고 해서 안테나와 같은 역할을 해요. 고양이는 수염 끝에 닿는 느낌으로 사물과의 거리를 살피고, 자신의 몸이 통과할 수 있는 공간인지 아닌지를 알아요. 수염 덕분에 어두운 밤에도 사물에 부딪치지 않고 재빠르게 쥐를 쫓을 수 있답니다.

고양이 수염의 뿌리 부분에는 많은 신경이 모여 있어요. 그래서 수염을 자르면 고양이는 아파해요. 게다가 안테나 역할을 하는 수염이 없기 때문에 잘 움직이지 못해, 겁쟁이가 되고 동작이 둔해질 수밖에 없어요.

낙타는 왜 혹이 있을까?

낙타의 생김새에서 가장 큰 특징은 등에 있는 큰 혹이에요. 낙타의 혹은 어떤 역할을 할까요?

사람들은 사막을 여행할 때 이동하거나 무거운 짐을 운반하기 위해서 낙타를 이용해요. 모래로 끝없이 뒤덮인 사막은 그늘도 없고 물도 없는 매우 메마른 땅이에요. 그래서 여행 중에는 먹을거리와 물을 거의 얻을 수가 없어요.

그러나 낙타는 이런 사막에서 1주일 이상 먹지도 마시지도 않고 여행을 할 수 있어요. 낙타의 비밀은 바로 혹 속에 있어요. 낙타의 혹 속에는 몸을 움직이는 에너지가 되는 지방이 약 50킬로그램 축적되어 있어요. 낙타는 먹을거리를 얻을 수 없는 사막에서도 혹의 지방 덕분에 먹지 않아도 건강하게 살 수 있어요. 늘 도시락을 가지고 다니는 것과 같지요.

그러나 지방이 없어지기 전까지 아무것도 먹지 못하면, 낙타의 혹은 점점 작아져 결국 납작하게 사라지고 말아요.

낙타는 몸 전체에 수분도 축적되어 있어요. 더울 때 물을 마시지 못하면 낙타는 몸에 축적된 수분을 이용하기 때문에 몸이 점점 말라가요. 그래서 물가에 오면 낙타는 한꺼번에 60리터 이상의 물을 마시고 저장해요(사람은 이렇게 물을 빨리, 대량으로 마실 수 없어요.). 게다가 낙타는 수분을 가능한 몸 밖으로 내보내지 않기 위해서 땀을 거의 흘리지 않아요. 그래서 오줌의 양도 적고 똥도 건조해요.

낙타는 사막을 여행하는 데 다른 동물보다 적합한 특징이 또 있어요. 사막의 모래먼지를 피하기 위해서 낙타의 눈에는 긴 속눈썹이 있어요. 귀는 긴 털로 덮여서 모래가 들어오는 것을 막고, 콧구멍도 자유롭게 열고 닫을 수 있어요. 또한 발 안쪽에는 넓고 두꺼운 살이 붙어 있어요. 이런 발 덕분에 낙타는 걸을 때마다 발이 쑥쑥 빠지는 사막에서도 잘 걸을 수 있지요.

이런 특징들을 가진 낙타는 '사막의 배' 라고 불리며, 사

막을 여행하는 데 꼭 필요한 존재로 활약해 왔어요.

낙타는 같은 쪽 앞다리와 뒷다리를 동시에 움직이면서 걷기 때문에 등이 많이 흔들려요. 그래서 낙타를 타면 불편하답니다.

물고기는 어떻게 잘까?

물고기도 사람과 마찬가지로 잠을 자요. 어떤 동물이라도 잠을 자지 않으면 살 수가 없어요. 그런데 대다수의 물고기는 눈꺼풀을 가지고 있지 않아요. 그래서 물고기가 자고 있는지 아닌지 알 수가 없어요.

물고기는 어떻게 잘까요? 집에서 금붕어나 열대어를 키우고 있다면 잘 관찰해 보세요.

물고기가 어항 아래에 있는 바위나 수초 사이에서 움직이지 않고 가만히 있을 때가 있어요. 이때 바로 물고기는 잠을 자고 있지요.

물고기의 종류에 따라 잠을 자는 시간이 달라요. 낮에 자는 물고기, 밤에 자는 물고기, 그리고 꾸벅꾸벅 조는 물고기 등 여러 가지예요.

또한 잠을 자는 방법도 물고기에 따라 달라요. 놀래기는 밤이 되면 해저 모래 안에 파묻혀서 자요. 붕장어는 반대로 낮에 해저 모래 안에서 자고 밤이 되면 활동하지요. 앵무고기는 밤이 되면 바위 그늘에서 자신의 입이나 아가미에서 낸 점액질로 투명한 주머니를 만들어서 몸을 둘러싸고 자요.

흰동가리는 몸 표면이 특별한 점액질로 싸여 있어, 독이 있는 말미잘 안에서 잠을 자면서 적으로부터 자신의 몸을 지켜요.

가다랑어와 다랑어 등 헤엄치지 않으면 호흡을 할 수 없는 물고기는 헤엄을 치면서 잠을 자요. 잠을 자는 동안은 헤엄치는 속도가 느려요.

이처럼 물고기는 여러 가지 방법으로 잠을 자요. 물고기는 아니지만 물속에서 사는 포유류인 돌고래는 잠을 잘 때 오른쪽 뇌와 왼쪽 뇌 하나씩 쉬게 하고 잠을 자요. 이렇게 하기 때문에 24시간 헤엄치고, 수면 위로 나와 숨을 쉴 수 있는 거예요.

동물은 충치가 안 생길까?

여러분은 매일 식사 후 이를 잘 닦고 있나요? 혹시 귀찮다고 빼먹으면 안 돼요. 이를 잘 닦지 않으면 충치가 생기거든요.

하지만 야생 동물은 이를 닦지 않아도 충치가 생기지 않아요. 왜냐하면 충치의 원인이 되는 설탕이 든 먹을거리를 먹지 않기 때문이에요. 충치는 당분이 오랫동안 입 안에 남아 있으면, 입 안에 있는 균이 당분을 산으로 바꾸어서 치아의 에나멜질을 녹이기 때문에 생기는 병이에요.

야생 동물도 단 과일을 먹어요. 그러나 우리들이 먹는 과자처럼 설탕이 많이 들어 있는 것과는 다르기 때문에 이를 닦지 않

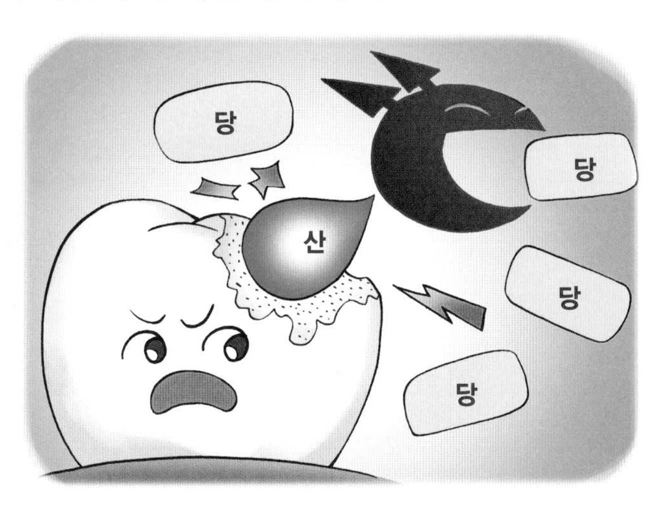

아도 충치가 생기지 않아요.

물론 동물도 설탕이 든 음식을 먹으면 충치가 생겨요. 동물원의 동물이나 집에서 기르는 애완동물은 사람들로부터 설탕이 든 단 것을 얻어먹기 때문에 충치가 생기는 일도 있어요.

그렇다면 야생 동물은 절대로 충치가 생기지 않을까요? 아니에요. 야생 동물도 충치가 생기는 경우가 있어요. 다만 이 경우에는 음식 때문이 아니라 다른 것이 원인이 돼요.

만약 먹이를 사냥할 때 너무 힘을 줘서 엄니가 부러지거나, 또는 돌을 잘못 씹어서 이빨에 상처가 생기면 그 자리에 충치가 생겨요. 또한 나이가 든 동물은 오랫동안 이빨을 사용했기 때문에 이빨이 닳아서 충치가 되는 일도 있어요.

야생 동물에게 충치는 생명과 연결되는 중요한 문제예요. 사냥을 할 수 없게 되거나 제대로 씹지 못하게 되면 영양소를 제대로 얻을 수 없어요. 그래서 몸이 약해지고, 결국 죽게 되거든요.

캥거루는 왜 주머니가 있을까?

캥거루라고 하면 어떤 모습이 떠오르나요? 예쁜 아기 캥거루가 어미의 배 주머니에서 얼굴을 내밀고 있는 모습을 떠올리는 친구들이 많을 거예요.

캥거루의 배 주머니는 암컷에게만 있는데 새끼를 키우기 위한 거예요. 새끼는 어느 정도 클 때까지 배 주머니 속에서 자란답니다.

많은 포유류는 어미의 배 속에서 어미와 닮은 모습으로 성장한 다음 태어나요. 그러나 캥거루의 새끼는 겨우 키가 2센티미터, 몸무게 0.9킬로그램 정도로 숟가락 안에 들어갈 정도의 미숙한 상태로 태어나요.

갓 태어난 새끼는 털이 없고 눈도 뜨지 못해요. 그러나 자신의 힘으로 어미 캥거루의 몸을 타고 올라가 주머니 속으로 쏙 들어가요. 어미도 새끼가 주머니까지 잘 올라올 수 있도록 태어난

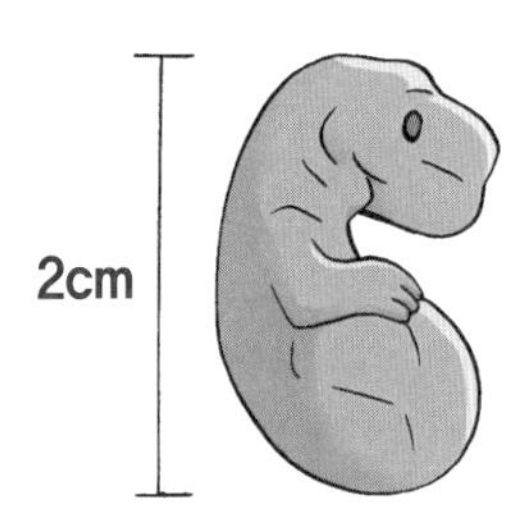

출구에서 주머니 입구까지의 털을 잘 핥아서 길을 만들어 줘요.

캥거루의 주머니 안에는 4개의 젖이 있는데 새끼는 젖꼭지를 입에 물고 젖을 빨아 먹어요. 캥거루 새끼는 어미의 따뜻하고 안전한 주머니 속에서 약 8개월 동안 몸무게가 4~5킬로그램이 될 때까지 성장해요.

캥거루의 배 주머니는 원래 젖꼭지 주변에 있는 주름이었어요. 새끼 캥거루는 젖꼭지를 물고 매달리는데, 주름이 있으면 거기에 다리를 올려서 잘 떨어지지 않아요. 그래서 보다 깊은 주름을 가진 캥거루의 새끼가 살아남고, 주름은 점점 발달해서 마침내 깊은 주머니가 되었다고 해요. 이렇게 암컷 배에 새끼를 키우기 위한 주머니가 있는 동물을 유대류라고 해요. 캥거루가 사는 오스트레일리아의 포유류 대부분은 유대류예요. 캥거루 외에도 유대하늘다람쥐, 주머니곰 등 여러 종류가 있어요.

여러분이 잘 아는 코알라의 암컷도 배 주머니를 가지고 있어요. 하지만 코알라의 주머니 입구는 캥거루와 반대로 밑을 향하고 있어요. 그렇지만 새끼는 주머니 안의 젖꼭지를 목구멍 안에까지 넣고 있으며, 주머니 주변의 근육이 입구를 막고 있기 때문에 밖으로 떨어질 염려는 없어요.

돌고래는 얼마나 머리가 좋을까?

돌고래는 머리가 매우 좋은 동물이에요. 여러분도 동물원에서 공 던지기, 높이 뛰어오르기 등 여러 가지 재주를 부리는 돌고래 쇼를 본 적이 있을 거예요.

돌고래가 얼마나 머리가 좋은지 알아볼까요?

청백돌고래, 범고래, 큰돌고래 등이 재주를 익히는 속도는 침팬지가 배우는 속도보다 10배나 빠르다고 해요. 즉 돌고래는 '학습의 힘'이 매우 발달한 동물이에요.

돌고래는 사육사의 얼굴도 잘 기억해요. 기억력이 좋아서 사람의 모습을 판단하는 힘도 가지고 있어요. 돌고래는 입과 머리 꼭대기에 있는 구멍으로 호흡하는데, 그 구멍으로 공기를 내고 거품 링을 만들어 그것을 통과하면서 놀아요. 한 마리의 돌고래가 링을 만들면 다른 돌고래도 흉내를 내서 만들지요. 수족관에서는 사육사에게

일부러 물을 뿌리는 장난을 치기도 해요. 이런 놀이와 장난은 지적 능력이 높은 동물만 가능하지요. 게다가 돌고래는 몇 개의 단어를 이해하거나 사물의 숫자를 셀 수도 있어요.

뇌의 크기가 클수록 머리가 영리하다고 할 수 없지만 돌고래는 몸 크기에 비해 사람 다음으로 큰 뇌를 가지고 있어요. 또한 돌고래 뇌의 주름 수는 사람보다 많고 복잡해요. 물론 주름의 수가 많다고 해서 높은 지능이라고 할 수는 없어요.

우리가 돌고래와 마찬가지로 영리하다고 생각하는 침팬지는 어떤 일을 할 때, 어떻게 하면 좋을까를 생각하는 지혜가 있어요. 예를 들어, 침팬지는 손이 닿지 않는 우리 밖에 있는 음식을 우리 안에 있는 막대기를 이용해서 끌어오거든요. 돌고래가 침팬지처럼 이런 지혜가 있는지는 아직 밝혀지지 않았어요.

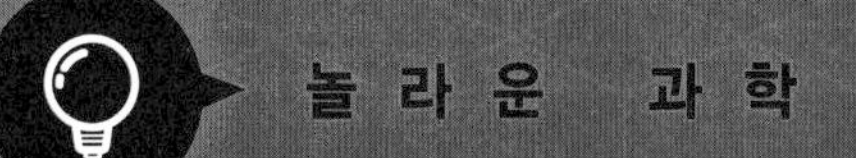

화석으로 알게 된 공룡의 비밀

알을 깨고 깃털을 가진 새끼가 얼굴을 내밀었어요. 무슨 새일까요?

이때 거대한 공룡이 쿵쾅거리는 발자국 소리를 내면서 나타났어요. 바로 새끼의 엄마와 아빠예요. 갓 태어난 동물은 새가 아니라 키가 13미터나 되는 육식 공룡, 티라노사우루스의 새끼였어요.

새끼들이 알을 깨고 차례차례 나타났어요. 어미는 놀고 싶어 하는 새끼들을 따뜻한 눈으로 지켜보고 있어요.

최근 연구에서, 티라노사우루스 새끼의 몸에는 마치 새와 같은 깃털이 있었다는 사실이 보고되었어요. 몸이 작을 때는 추위로부터 몸을 지킬 수 있는 깃털이 도움이 돼요. 성장한 티라노사우루스는 추위를 충분히 견딜 수 있기 때문에 깃털이 빠지고 벌거숭이가 된다고 해요.

공룡이 살았던 시대의 기후는 지금보다 훨씬 따뜻했어요. 그러나 위도가 높은 곳에서는 겨울이 되면 기온이 떨어져서 눈이 쌓이는 곳도 있었지요. 이런 곳에서 사는 티라노사우루스는 어른이 된 후에도 몸에 깃털이 남아 있었을지도 몰라요.

깃털이 남아 있는 공룡 화석은 티라노사우루스 이외에도 많이 발견되었어요. 깃털은 추위로부터 몸을 지킬 뿐만 아니라, 다른 역할도 했던 것 같아요.

프시타코사우루스는 허리와 꼬리에 매우 가늘고 긴 깃털을 가지고 있었어요. 수컷끼리 세력권을 다툴 때 힘을 자랑하거나 암컷을 유혹할 때 깃털을 흔들어 보였다고 해요.

오비랍토르는 깃털로 알을 품었어요. 또한 햇살이 뜨거운 날에는 깃털이 난 앞다리를 양산처럼 이용해서 알과 새끼를 지켰지요. 미크로랍토르 구이는 마치 새처럼 큰 날개를 가진 공룡이에요. 날개는 팔만이 아니라 다리에도 있었어요. 날개에는 새와 마찬가지로 '날개깃'이라는 것을 가지고 있었어요. 날개깃은 하늘을 날 때 공기의 흐름을 조정하는 특수한 깃털이에요. 미크로랍토르 구이가 이 날개깃이 난 팔다리를 펼치고 글라이드처럼 하늘을 날았으리라고 추측해요.

공룡은 약 6,550만 년 전 멸종했어요. 거대한 운석이 지구에 떨어졌기 때문이라고 하는데, 정확한 원인은 아직 수수께끼에 싸여 있어요.

그런데 오늘날까지도 살아남은 공룡이 있다면 깜짝 놀라겠지요?

사실 현재 살고 있는 약 1만여 종류의 새가 지금도 살아 있는 공룡이에요. 새의 조상은 지금으로부터 1억 5천만 년 전, 나무 위에서 살았던 작은 공룡이라고 해요.

새들은 어떻게 지금까지 살아남았을까요? 아마 조상 공룡이 가진 깃털을 계속 가지고 있어서 살아남았는지 몰라요.

아침 일찍 일어나서 창문을 열면, 우리는 건강한 공룡의 모습과 소리를 만날 수 있어요.

과학이야기 Level 04

생물 2

–식물·곤충 편–

해바라기는 왜 해를 보고 필까?

여름을 대표하는 꽃은 해바라기예요. 해바라기는 7~8월에 강한 햇빛을 받으면서 피는데, 해바라기의 모양이 태양을 연상시켜서 '태양의 꽃' 이라고도 해요.

우리는 해를 바라보면서 핀다고 해서 '해바라기' 라고 하는데, 과연 사실일까요?

해바라기를 관찰하면서 꽃의 방향을 조사한 적이 있나요? 자세히 살펴보면 모든 해바라기가 해를 바라보고 있지는 않아요. 북쪽을 바라보는 해바라기는 거의 없지만 동쪽, 서쪽, 남쪽 등 여러 방향을 바라보면서 피어요. 그래서 해바라기는 반드시 해를 바라보면서 핀다고 할 수 없어요. 하지만 해가 있는 남쪽 방향을 바라보는

것이 많아요.

해바라기가 태양의 이동에 맞추어서 잘 움직이는 시기가 있어요. 바로 해바라기의 줄기와 꽃봉오리가 만들어질 때예요. 아침은 동쪽, 낮에는 남쪽, 해질녘에는 서쪽으로 줄기가 먼저 움직여요. 해바라기의 줄기는 태양의 빛을 쬐는 쪽보다 빛을 쬐지 않는 쪽이 더 잘 자라기 때문에 태양이 있는 방향으로 굽지요.

다른 종류의 꽃도 태양 빛이 쬐는 방향을 향하는 것이 많고, 태양을 쫓아서 줄기가 움직이는 것도 많아요. 그런데도 특히 해바라기가 해를 바라보고 핀다고 하는 것은, 그 모양이 해를 닮았고 또 다른 꽃과 비교할 때 눈에 띌 정도로 크기 때문이에요.

덧붙여 우리들이 흔히 해바라기 꽃이라고 생각하는 부분은 사실 하나의 꽃이 아니라 500~1,000개의 꽃이 모여서 만들어진 거예요. 작은 꽃이 하나씩 씨를 만들기 때문에 해바라기에서 많은 씨를 얻을 수 있어요.

먹을 수 있는 꽃이 있을까?

우리들은 식물의 여러 부분을 먹어요. 토마토, 오이, 피망 등은 열매 부분을 먹어요. 양배추와 양상추는 잎 부분을, 무와 당근은 뿌리 부분을, 아스파라거스와 죽순은 줄기를 먹지요. 열매, 잎, 뿌리, 줄기…….

그렇다면 꽃은 어떨까요? 물론 먹을 수 있는 꽃도 있어요. 지금까지 꽃을 먹어 본 적이 없다고 생각하는 친구들이 있을 거예요.

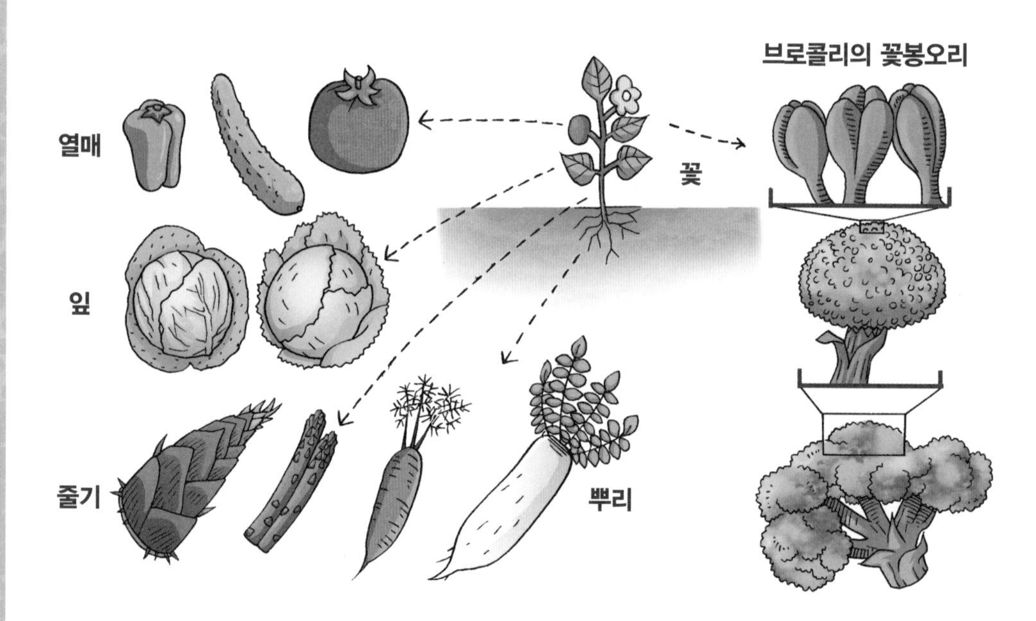

하지만 자신도 모르는 사이에 꽃을 먹었을 수도 있어요.

꽃양배추, 녹색꽃양배추라고 불리는 콜리플라워와 브로콜리를 살펴볼까요? 이들은 십자화과에 속하는 양배추의 한 종류인데 둘 다 꽃이 피기 전의 꽃봉오리를 먹어요.

야채와는 좀 다르지만 꽃잎을 먹을 수 있는 꽃도 많이 있어요. 이런 꽃을 '식용꽃'이라고 하는데 샐러드 등에 넣어서 예쁜 색을 즐기면서 먹는답니다.

미모사를 건드리면 왜 움츠러들고 아래로 늘어질까?

식물은 움직이지 않는 것처럼 보이지만 조금씩 움직이고 있어요. 꽃이 피고 덩굴이 자라지만 시간을 가지고 천천히 움직이기 때문에 오랫동안 보고 있어도 잘 알 수가 없어요.

그런데 마치 동물이 움직이듯, 움직임을 금방 알 수 있는 식물이 있어요. 손가락으로 잎을 건드리면 인사를 하듯 움츠러들고 아래로 늘어지는 미모사가 바로 대표적인 식물이에요.

미모사는 밤이 되면 잎을 움츠려요. 그렇다고 해서 밤에만 잎을 움츠리는 것은 아니에요. 낮에도 비가 오거나 날씨가 흐리면 잎을 움츠려요. 뭔가가 건드려도 잎을 움츠리고 아래로 늘어지는데, 마치 인사를 하는 것 같아요.

그런데 미모사는 동물처럼 근육을 이용해서 움직이는 것이 아니에요. 식물에는 근육이 없어요. 잎 안에 있는 물의 힘으로 움직이는 거예요.

뭔가가 미모사 잎을 건드리면 잎을 지탱하는 부분의 세포 안에 있는 물이 세포 밖으로 한꺼번에 나와요. 평소에는 물로 가득한 부분이었는데 갑자기 물이 없어지게 되면 잎을 지탱하는 힘은 적어지고 밑으로 늘어져요. 빠져나온 물은 다시 세포 안으로 천천히 돌아가기 때문에 20분 정도 지나면 잎은 다시 생기를 얻고 펴져요.

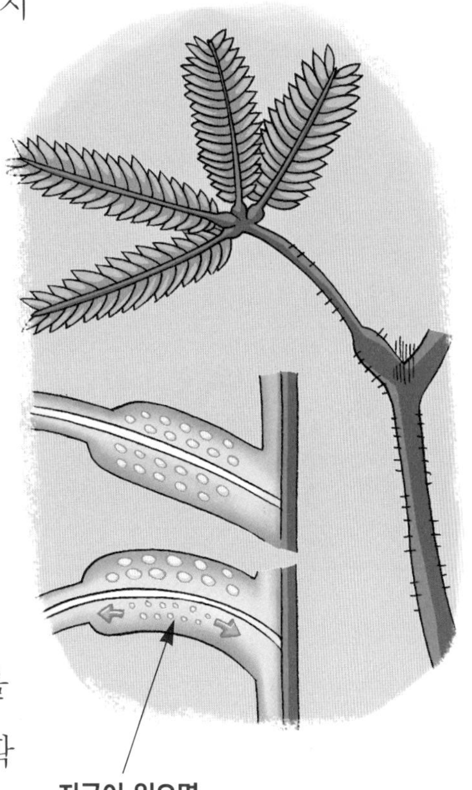

자극이 있으면
물이 흐른다.

식물은 동물처럼 체온조절을 할 수 없어요. 그래서 기온이 낮아지는 밤이나 비가 오는 날 등에는 미모사가 잎을 오므리고 몸을 움츠려 가능한 한 열을 밖으로 안 내보내려 한다고 추측해요.

하지만 미모사가 자극이 있을 때 움츠리는 이유는 아직까지 확실하게 밝혀지지 않았어요.

야생 동물의 똥은 어디로 사라질까?

동물원에 갔을 때 혹시 동물의 똥을 본 적이 있나요? 몸이 큰 초식 동물은 많은 양을 먹기 때문에 엄청나게 많은 똥을 누어요. 동물은 화장실에 따로 가지 않아요. 그래서 사육사가 치워 주지 않으면 동물원은 금방 똥으로 넘치게 될 거예요.

아프리카, 동남아시아 등의 초원에는 덩치가 큰 야생 동물이 많이 살아요. 이곳에는 사육사가 없어요. 그렇지만 초원이 똥으로 넘치는 일은 없어요. 왜냐하면 쇠똥구리 같은 풍뎅이과의 곤충이 야생 동물의 똥을 청소하거든요.

예를 들어 볼까요? 코끼리 무리가 20리터 정도의 똥을 누면 풍뎅이과의 곤충들이 바로 이 냄새를 맡아요. 곤충들은 멀리 떨어진 곳에 있어도 똥이 있는 곳으로 금세 모여들어요. 약 15분이 지나면 몇 천 마리의 풍뎅이가 달려와서 똥 속으로 기어들어 간답니다.

똥은 파도를 치듯이 움직이면서 30여 분이 지나면 융단처럼 납작해져요. 똥 안에서는 풍뎅이과의 곤충들이 똥을 서로 많이 차지하려고 싸우기도 해요. 풍뎅이과의 곤충 중에는 똥을 그 자리에서 다 먹지 않고, 터널을 파고 똥 경단을 만들어서 모으는 곤충도 있어요. 나중에 천천히 먹을 경단과 새끼들에게 먹일 경단을 만드는 거지요. 새끼들에게 먹일 경단에는 알을 낳기도 해요.

똥 경단을 멀리 운반하는 곤충도 있어요. 곤충학자 파브르가 연구한 쇠똥구리는 똥 경단을 다른 곤충들에게 방해받지 않는 곳

쇠똥구리가 똥을 저장하는 여러 가지 방법

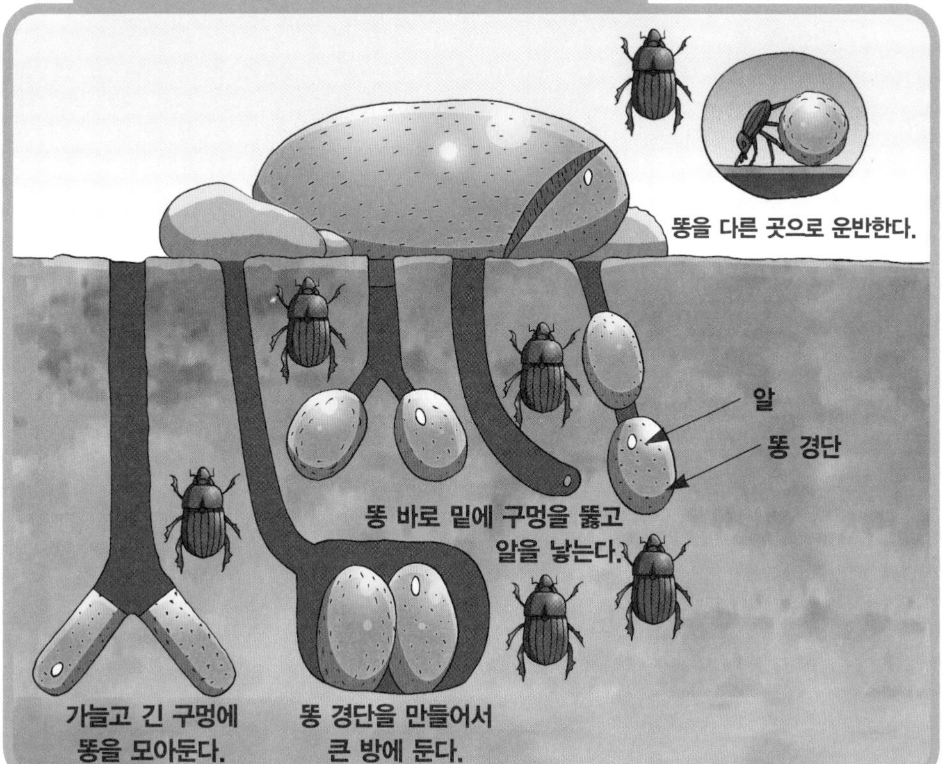

으로 운반한 다음 먹고 알을 낳아요.

똥을 먹다니, 정말 이상한 곤충이지요? 그런데 만약 똥을 먹는 곤충이 없다면 어떻게 될까요?

땅은 똥으로 가득 차서 식물이 자라지 못할 거예요. 또한 각종 병원체도 번식할 거예요. 물론 똥을 먹는 곤충(똥벌레)도 똥을 누어요. 이런 곤충이 배설하는 똥은 박테리아라는 작은 생물이 분해하거나 지렁이가 먹어서 흙이 돼요.

똥을 처리해 주는 곤충이 있기 때문에, 땅속에 공기와 영양이 보내지고 다른 생물이 건강하게 살 수 있어요.

식물이 먹을거리를 만들어 내고 동물이 이것을 먹고, 똥을 먹는 곤충들은 그 찌꺼기를 다시 이용하고……. 이처럼 지구에 사는 생물들은 모두 밀접한 관계를 가지고 있어요.

매미는 왜 시끄럽게 울까?

맴맴맴. 여름이 되면 아침 일찍부터 시끄럽게 우는 매미 소리 때문에 잠을 깰 때도 있어요.

울고 있는 매미는 수컷이에요. 수컷은 암컷을 부르기 위해서 울어요. 매미의 종류에 따라서 우는 소리가 정해져 있지만 자세히 들으면 같은 종류라도 평소와 다른 울음소리를 낼 때가 있어요.

가까이에 다른 수컷이 있을 때는 짧게 끊어지듯이 울어요. 자신이 노리는 암컷한테 다른 수컷이 다가갈 때 방해를 하기 위한 울음소리예요.

또한 빠른 리듬으로 울 때도 있어요. 암컷한테 다가가 사이좋게 지내자고 할 때 내는 소리예요. 수컷은 울면서 뒤에서 조금씩 암컷에게 다가가 앞다리로 암컷의 날개를 가볍게 건드려요. 대부분의 암컷은 그냥 날아가 버리지만 가만히 있는 암컷도 있어요. 이럴 때는 수컷이 마음에 들었다는 신호랍니다.

매미는 일생의 대부분을 땅속에서 살아요. 알은 나무에 낳지만 유충(애벌레)은 땅으로 들어가서 나무뿌리의 즙을 빨아 먹고 몇 년이나 살아요.

유지매미는 7년째가 되는 여름에 지상으로 나와서 성충(어른벌레)이 돼요. 성충이 되면 약 2주 동안 살 수 있어요. 땅속에서는 암컷과 수컷이 좀처럼 만날 수 없어요. 매미는 땅속에서 사는 곤충인데, 자손을 남기기 위해서 2주 동안 지상으로 나온다고 할 수 있어요.

이제 시끄럽게만 들리던 매미의 울음소리가 다르게 들리죠?

나비의 입은 왜 둥글게 말려 있을까?

나비는 물과 꽃의 꿀을 먹고 살아요. 꽃의 꿀은 대개 암술의 뿌리 부분에서 나오기 때문에 나비는 긴 입을 꽃 안으로 끼워 넣어서 꿀을 빨아들이지요.

분꽃, 진달래, 백합 등 꽃에 따라 깊이가 달라요. 긴 입을 가진 나비는 깊은 곳에 있는 꽃의 꿀을 먹을 수가 있어요. 박각시나방의 무리 중에는 보통 나비보다 더 긴 입을 가진 것도 있어요. 긴 입을 편 채로 다니면 방해가 되기 때문에 입을 둥글게 말아 두어요.

씹을 수 있는 입을 가진 곤충은 큰 턱이 발달했어요. 큰 턱 안쪽에는 작은 턱이 있지요. 나비의 입은 작은 턱이 변화해서 길어진 거예요. 긴 두 개의 작은 턱이 달라붙어 있지요.

나비가 꿀을 빨아들이는 모습을 보고 사람들은 빨대로 음료수를 마시는 모습을 연상하기도 해요. 하지만 사실은 달라요. 곤충은 입이 아니라 배에 있는 숨구멍으로 호흡을 해요. 그래서 사람처럼 물이나 꿀을 빨아들일 수 없어요.

붙어 있는 두 개의 긴 작은 턱 틈 사이를 타고 수분이 올라가요. 이것이 모세관 현상인데 천에 물이 스며드는 것과 같은 현상이에요. 또한 나비 머리 부분에는 스포이트와 같이 물을 빨아들이는 부분도 있어요. 스포이트의 손잡이 부분을 누른 다음 원위치로 되돌리면 물이 빨아들여지는 구조예요.

입만 봐도 곤충의 몸은 사람의 몸과 매우 다르다는 것을 알 수 있어요.

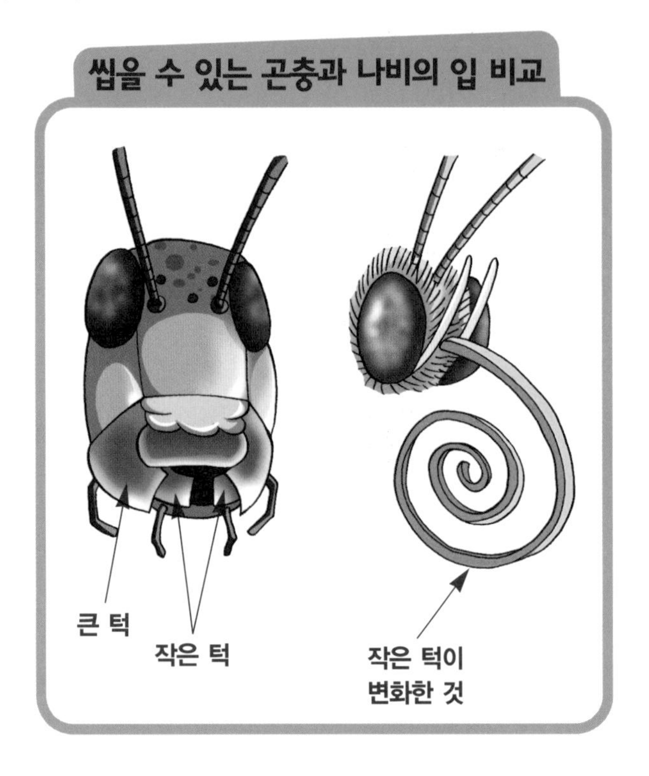

곤충은 새끼를 어떻게 키울까?

새는 알을 품고 새끼를 돌보지만 개구리나 물고기는 그냥 알을 낳기만 해요. 곤충도 대부분 알을 낳기만 해요. 하지만 곤충 중에는 새끼를 기르는 곤충도 있어요.

그중 하나가 바로 집게벌레예요. 집게벌레의 암컷은 지면의 얕은 곳에 방을 만들고, 거기에 수십 개의 알을 낳아요. 암컷은 알을 낳은 후에도 그곳에서 먹지도 마시지도 않고 알을 돌보아요. 기온이 내려가면 알을 끌어모아서 보온에 신경을 쓰고, 더우면 알을 흩어지게 해서 열이 들어차지 않게 해요.

알은 10~20일 후에 유충(애벌레)이 되는데 어미는 그 후에도 여러 날 동안 죽을 때까지 새끼들을 돌보아요. 개미가 침입하면 유충을 지키면서 싸워요. 어미가 죽으면

유충은 어미의 사체를 먹고 보금자리를 떠나요.

집게벌레와는 달리 알 돌보기까지만 하는 곤충도 있어요. 그중 하나가 물자라예요. 물자라는 연못 등 물속에서 생활하는 곤충인데 암컷은 수컷의 등에 알을 낳아요. 암컷은 알을 낳고 떠나지만 수컷은 알이 부화해서 유충이 될 때까지 등에 업고 다니며 지켜요.

역시 물속에 사는 물장군은 암컷이 낳은 알을 수컷이 지켜요. 물장군의 암컷은 알을 낳은 후, 다른 암컷이 낳은 알을 망가뜨리려고 해요. 수컷은 자신의 알을 망가뜨리려고 온 다른 암컷과 필사적으로 싸워요.

곤충도 자손을 남기기 위해서 각자 다양한 방법으로 알과 새끼를 지키고 있는 것이지요.

물자라(수컷)

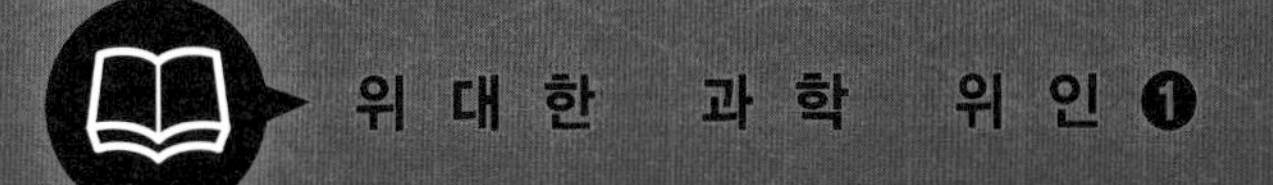

곤충의 멋진 세계를 전한 <곤충기>의 작가

장 앙리 파브르

(1823~1915)

"얘야, 아버지는 이제 더 이상 너를 돌볼 수가 없단다. 앞으로는 너 혼자 힘으로 살아야 할 것 같구나. 정말 미안하다."

남프랑스 산촌의 가난한 농가에서 태어난 장 앙리 파브르는 14세 때 아버지, 어머니, 동생과 떨어져서 살게 되었어요. 아버지가 사업에 실패해서 생활이 어려워졌기 때문이에요.

"내일부터 어떻게 살아야 하지……."

도시에서 혼자가 된 파브르는 빵 조각을 뜯어 먹으면서 떨고 있었어요. 이때 한 마리의 '친구'가 무릎에 앉았어요. 머리에 촉각을 가진 풍뎅이였어요.

파브르는 어렸을 때부터 곤충을 좋아했어요. 곤충을 쫓아다니다 보면 가난한 생활도 잊어버리고 외로웠던 마음도 따뜻해지는 느낌이 들었지요.

"자, 힘내는 거야! 빨리 일을 찾아야지."

시장에서 레몬을 팔고 기찻길을 만드는 곳에서 흙을 나르고…… 파브르는 어떤 일도 마다하지 않고 열심히 했어요.

그러던 어느 날, 파브르는 한 광고를 보았어요.

"선생이 되고 싶은 사람을 위한 학교. 시험에 합격하면 수업료는 무료."

그날부터 파브르는 잠잘 시간도 아끼며 공부를

해서 16세 때 1등으로 시험에 합격했어요.

"해냈어! 이제 괜찮은 직업도 구할 수 있을 거야."

19세에 학교를 졸업한 파브르는 초등학교에서 수학을 가르치면서 물리와 화학 공부를 시작했어요. 26세에 파브르는 중학교 물리 선생이 되어, 지중해의 자연이 풍부한 코르시카 섬에서 일을 하게 되었어요.

"지금까지 보지 못했던 곤충이 많이 있잖아!"

파브르는 코르시카 섬에서 전갈에게 푹 빠졌어요. 파브르는 휴일이 되면 덤불 속으로 들어가서 돋보기를 한손에 들고 필사적으로 맹독의 꼬리를 쫓아다녔어요. 마치 곤충을 쫓아다니던 어린 시절처럼 말이지요.

"저 사람은 비가 와도 태풍이 와도 늘 밖으로 돌아다니네."

사람들은 어이가 없다는 듯이 파브르를 바라보았어요.

어느 날 모켕 탕동이라는 박물학자가 식물 연구를 위해서 섬에 왔어요. 파브르를 만난 탕동은 파브르가 모은 많은 양의 곤충 표본과 열심히 관찰하는 모습을 보고 놀랐어요.

"자네의 관찰력은 참 훌륭하군! 자신이 가장 좋아하는 일을 직업으로 삼아 보게."

탕동으로부터 격려의 말을 들은 파브르는 선생으로 일하면서 본격적으로 곤충 연구를 시작했어요. 그때 그의 나이가 30세 무렵이에요.

"노래기벌은 침으로 쏘아 죽인 바구미를 집으로 끌고 와서 유충의 먹이로 한다고 하는데…… 죽은 것치고는 너무 신선하군."

그때 당시 곤충학자들은 이러한 의문에 대해 벌침에서 죽은 바구미가 썩는 것을 방지하는 물질이 나오기 때문이라고 설명했어요. 그러나 파브르는 의문을 가지고 스스로 실험하기로 했어요. 파브르는 실제로 벌집을 조사하고 자신의 눈으로 바구미를 관찰했어요.

바구미를 잡아서 노래기벌이 침을 쏘는 모습을 보기도 하고, 벌집으로 운반하는 바구미에게 전기를 흐르게 했어요. 그러자 죽은 줄 알았던 바구미가 전기에 반응하고 움직였어요.

"살아 있구나! 죽은 게 아니었구나!"

노래기벌이 바구미 신경에 침을 쏘아 몸을 못 움직이게 한 거였어요.

"바구미를 살아 있는 채로 집으로 끌고 온 거야. 그래서 바구미가 썩지 않았어. 곤충에게 이런 능력이 있다니 정말 멋져!"

파브르는 당시 곤충학자들이 알지 못했던 새로운 사실을 자신의 관찰만으로 발견했어요.

"곤충의 이 놀라운 힘을 많은 사람들에게 알려 주고 싶어. 일부 학자들뿐만 아니라 더 많은 사람들이 생물의 재미를 알 수 있게 말이야……."

파브르는 학교에 가지 못하는 여성과 어린이들을 모아 공개 수업을 했어요.

"자, 이걸 보세요. 쇠똥구리는 동물의 똥을 찾으면 자신의 배로 동그랗게 경단을 만들고 뒷다리로 굴려서 갑니다. 비탈길도 잘 갈 수 있는지 관찰해 보세요."

직접 보고, 만지고, 관찰하는 파브르의 수업은 인기가 높았고 학생들이 많이 모였어요. 그러나 이런 파브르의 행동을 못마땅해하는 대학교수들이 있었어요.

"학자도 아닌 놈이 멋대로 엉터리 수업을 하고 있군."

"저놈은 위험해."

그러자 학교 동료들과 주변 사람들도 파브르를 차가운 눈으로 보게 되었어요. 결국 파브르는 일을 그만두게 되었고 살던 집에서도 쫓겨났어요.

"그래도…… 절대 관찰을 그만두지 않겠어!"

작은 마을로 이사를 한 파브르는 열심히 곤충만 관찰했어요. 더운 여름 날씨에 힘이 다 빠진 상태에서 파리를 쫓고, 태풍이 부는 날에도 벌집을 관찰했어요. 파브르의 책상 위는 항상 벌집과 벌레의 유충으로 가득했답니다.

몸이 아픈 날에도 파브르는 관찰을 멈추지 않았어요.

'많은 사람들에게 곤충의 멋진 세계를 알리기 위해서 글을 쓰자. 아이들이 두근거리면서 읽을 수 있는 곤충 책을 쓰는 거야.'

48세가 된 파브르는 학자만 읽을 수 있는 논문이 아니라 어린이들이 재미있게 읽을 수 있는 과학책을 쓰기로 결심했어요.

그리고 파브르의 손에서 새로운 글이 탄생했어요. 지금까지 과학 책에서는 볼 수 없었던 생생한 글이 나왔어요.

사마귀가 나는 장면을 파브르는 이렇게 표현했어요.

"사마귀의 앞날개가 펴지고, 드디어 뒷날개가 크게 펴졌다. 마치 거대한 망토와 같다.”

곤충이 말을 거는 장면도 있었어요.

“죽은 척? 아니, 난 지금 기절을 한 거야.”

파브르는 열심히 글을 썼어요. 폐렴에 걸려 죽을지도 모르는 상황에서도 펜을 놓지 않았어요.

‘나는 곤충을 존경하고 사랑한다.’

곤충에 대한 열정 때문인지 파브르의 병은 기적적으로 나았고, 55세가 되었을 때 드디어 〈곤충기〉 제1권이 출판되었어요.

그런데 〈곤충기〉는 잘 팔리지 않았어요. 학자들이 ‘교수가 아닌 사람이 쓴 엉터리 책’ 이라고 평가했기 때문이에요. 그래도 파브르는 곤충 관찰을 계속하며 글을 썼어요.

‘난 유명해지고 싶어서 연구를 하고 책을 쓰는 것이 아니야. 단지 곤충의 위대함을 알려 주고 싶을 뿐이야.’

〈곤충기〉 2권, 3권이 출판되었어요. 제1권이 출판된 지 28년 후, 드디어 〈곤충기〉 전 10권이 완성되었어요.

파브르가 83세 때의 일이에요.

“이 책 참 재미있군. 문장도 좋고 책 내용도 많은 도움을 주는데 이런 책이 왜 안 팔리는지 모르겠어.”

문학가들이 파브르의 책에 관심을 갖고 주목하기 시작했어요. 그러자 〈곤충기〉가 하나둘씩 팔리기 시작했어요.

〈곤충기〉는 곧 전 세계에 번역되어 베스트셀러가 되었어요.

파브르는 자신의 책이 베스트셀러가 되어도 변함없이 곤충을 관찰하며 연구했어요. 그리고 더 많은 사람들에게 곤충의 멋진 모습을 알려 주기 위해, 자신을 찾아온 사람들에게 늘 친절하고 재미있게 곤충 이야기를 해 주었어요.

파브르는 91세로 세상을 뜨기 전까지 곤충 관찰을 그만두지 않았어요. 그의 작은 생명에 대한 끝없는 사랑과 열정은 지금도 〈곤충기〉 속에서 살아 숨쉬고 있어요.

과학이야기 Level 04

음식과 생활

연필로 어떻게 글자를 쓸 수 있을까?

연필은 종이에 글자를 쓸 수 있고 잘못 쓰면 지우개로 지울 수 있어서 편리해요. 어떻게 연필로 글자를 바로 쓰고 바로 지울 수 있을까요?

연필의 심과 종이 표면에 그 비밀이 있어요. 연필심은 흑연이라는 검은 가루와 점토를 섞은 다음 구워서 굳힌 거예요. 종이는 목재를 녹여서 만든 펄프라는 섬유로 이루어져 있어요. 표면은 평평한 것 같지만 가는 실과 같은 섬유가 뒤엉켜서 울퉁불퉁해요.

연필심은 부드러워서 종이에 연필을 누르면서 움직이면 검은 가루가 조금씩 부서져 내려요. 검은 가루는 섬유와 섬유 사이에 스며들기 때문에 종이를 뒤집어도 떨어지지 않아요.

그러나 같은 종이라도 표면이 반질반질한 종이에는 잘 쓸 수 없어요. 또한 유리나 플라스틱 표면에도 쓸 수가 없어요. 왜냐하면 검은 가루가 안으로 스며들 수 없거든요.

연필심은 흑연이 많고 점토가 적으면 부드러워지고, 반대로 흑연이 적고 점토가 많으면 단단해져요.

연필은 연필심이 부드러운 순서대로 6B, 5B, 4B, 3B, 2B, B, HB, F, H, 2H, 3H, 4H, 5H, 6H, 7H, 8H, 9H 등 17가지 종류가 있어요.

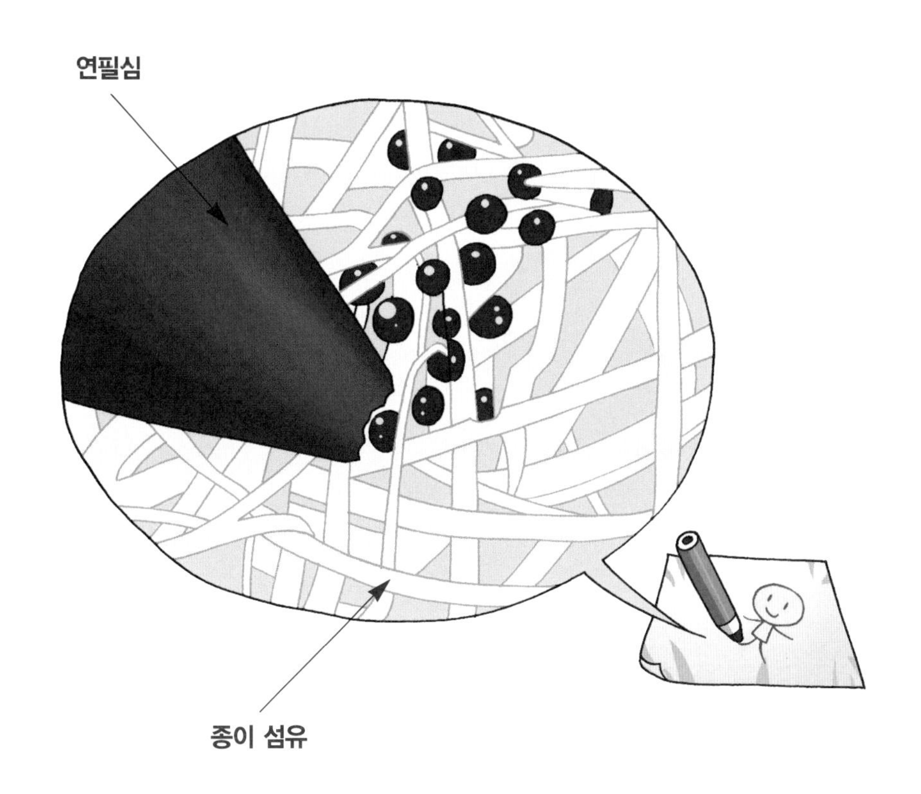

전화기로 어떻게 멀리 있는 사람과 이야기를 할 수 있을까?

소리는 공기와 물이 떨리는 것(진동)으로 전달돼요. 말이 상대방에게 들리는 것은, 말을 하면 목이 떨리는데 그것이 공기를 타고 상대방 귀 고막을 떨리게 하기 때문이에요. 그래도 목소리는 멀리까지 전달되지 않아요.

그런데 전화는 아무리 멀리 있는 사람의 목소리라도 마치 옆에 있는 사람의 목소리처럼 들려요. 이런 신기한 일이 어떻게 가능할까요?

전화기의 원리는 실 전화기를 생각하면 이해하기가 쉬워요. 실 전화기는 목소리가 종이컵 바닥을 떨리게 하면 그 진동이 실을 타고 상대방의 종이컵에 도착해요. 상대방의 종이컵 바닥이 떨리면 그 진동이 상대방의 귀 고막까지 전달되어 소리가 전달되는 것이지요.

전화기는 소리의 진동을 전기 신호로 바꾸고, 실 대신에 전화선을 이용해서 상대방에게 보내요. 전화 송화기(마이크)에는 종이컵 바닥과 마찬가지로 소리로 떨리는 판(진동판)이 붙어 있어요. 이 진동을 전기 신호로 바꾸어서 전화선으로 보내요. 전기 신호는 전화국을 통과하고, 먼 곳에 있는 상대방 전화 수화기 안의 판을 떨리게 해요. 그 진동이 귀에 전달되어 소리로 들리는 거지요.

지금은 광케이블로 전기 신호를 빛으로 바꾸어 보내기도 해요. 해저 케이블 등이 다른 나라와 이어져 있어서 외국 사람과도 이야기를 할 수 있어요. 휴대 전화는 전파를 이용해서 전달하기 때문에 전화선이 없는 곳에서도 사용할 수 있어요.

지하철 안에서 점프하면 왜 그 자리에 떨어질까?

만약 달리고 있는 지하철 안에서 위로 점프하면 어떻게 될까요? 뛰어오른 곳과 같은 곳에 착지해요. 점프하고 지하철 바닥에서 발이 떨어져 있는 사이에도 지하철은 앞으로 움직이고 있는데, 어떻게 떨어지는 위치가 바뀌지 않을까요?

그것은 달리고 있는 지하철 안에서는 여러분의 몸도 지하철과 같은 속도로 앞으로 움직이기 때문이에요. 바깥에 있는 사람이 보면 지하철도 그 안의 사람도 똑같이 움직이고 있는 것으로 보여요. 즉 점프하는 사람을 바깥에서 보면 지하

철과 같은 속도로 움직여서, 점프 후에는 점프 전의 자리보다 조금 앞의 자리로 떨어지는 것처럼 보이는 것이지요.

달리고 있는 지하철이 갑자기 멈추면 몸이 앞으로 쏠려요. 몸은 이제까지와 같은 속도로 앞으로 움직이려고 하는데 지하철의 속도가 느려졌기 때문이에요. 이렇게 물체가 계속 움직이려고 하는 것을 '관성'이라고 해요.

또한 지하철이 출발하려고 할 때 뒤로 당겨지는 느낌은, 지하철은 앞으로 진행하는데 몸은 멈추어 있으려고 하기 때문이에요. 멈춘 물체가 그대로 멈추어 있으려는 것도 관성 때문이에요.

바코드는 어떤 구조일까?

책, 과자, 음료수 등 각종 상품에는 흰 줄과 검은 줄의 바코드가 붙어 있어요. 계산대에서 바코드 판독기를 대면 빨간빛이 나와서 '삐이' 하는 소리와 함께 상품의 이름과 가격을 바로 알 수 있지요.

그럼 이런 바코드는 어떻게 만들어져 있는 걸까요? 바코드 밑에는 숫자가 적혀 있어요. 이 숫자는 8개 혹은 13개인데 상품에 따

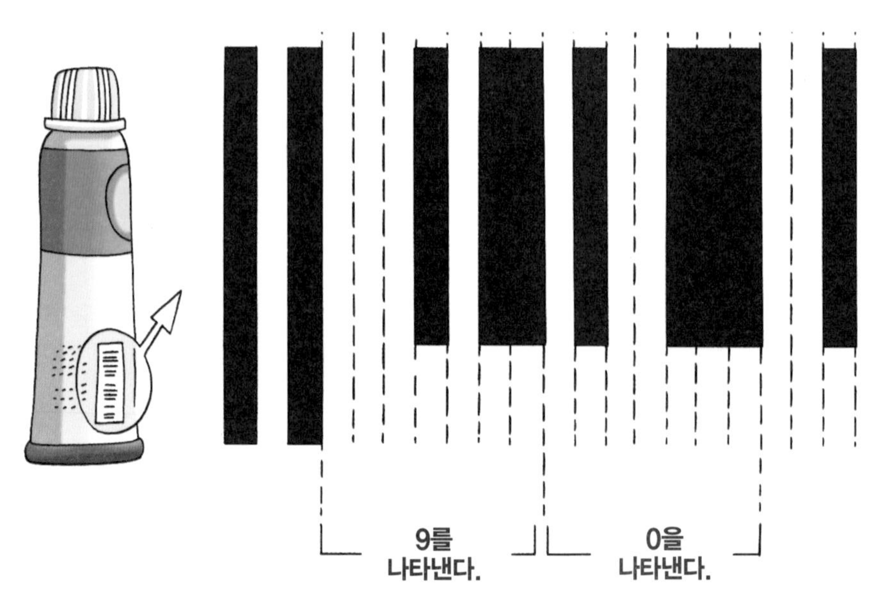

라 달라요. 이 숫자를 컴퓨터가 바로 읽을 수 있게 한 것이 바코드예요.

바코드를 만들 때는 먼저 하나의 숫자를 1과 0을 일곱 개로 나열해서 표기해요. 이를테면 9는 '0001011' 로 표기하는 것이지요. 이것을 0은 흰색, 1은 검은색으로 옮겨 놓아요. 거꾸로 빛을 비추어도 알 수 있도록 '여기서부터 시작' 이라는 표시도 해요.

바코드 판독기로 빛을 비추면 흰색은 빛을 강하게 반사하고 검은색은 약하게 반사해요. 반사의 강약이 1과 0으로 대체되어 계산대 안의 컴퓨터에 전달되고 원래의 숫자로 되돌아가요. 이 숫자로 상품의 이름과 가격을 표시하고, 그 가게에 남아 있는 상품의 숫자, 물건을 창고에 넣은 날, 매상 등을 조사할 수 있어요.

2차원 바코드는 더 많은 정보를 담을 수 있어요. 2차원 바코드는 가로 세로, 두 방향으로 정보를 삽입해요.

숫자만이라면 7천 자를 표시할 수 있는 바코드도 있어요. 글씨도 표시할 수 있기 때문에 광고 팸플릿 등으로 많이 이용해요. 바코드는 휴대 전화의 바코드 판독기로도 읽을 수 있어요.

여러 가지 바코드

2차원 바코드의 한 종류인 QR코드를 휴대 전화로 읽어 보아요.

아이스크림은 어떻게 만들까?

차갑고 입 안에 넣으면 살살 녹는 아이스크림. 더운 여름만이 아니라 겨울에 먹어도 참 맛있어요.

아이스크림은 우유와 생크림, 설탕 등으로 만들어요. 하지만 이런 재료를 섞어서 얼리는 것만으로는 부드러운 감촉이 나지 않아요.

아이스크림의 감촉은 안에 들어 있는 얼음 결정의 크기에 달려 있어요. 얼음 결정이 작을수록 입에 넣었을 때 바로 녹아서 부드러운 아이스크림이 돼요.

아이스크림을 만들 때 천천히 얼리면 큰 결정이 만들어져서 까끌까끌한 촉감이 돼요. 그래서 아이스크림을 만들 때는 아주 낮은 온도에서 저으면서 짧은 시간에 재빨리 얼려야 하지요. 아이스크림을 만드는 공장에서는 마이너스 40도 이하로 얼리는 기계를 이용해서 아이스크림을 만들어요.

그런데 지금으로부터 500년 전에 이미 우유를 얼린 아이스크림을 먹었다고 해요. 냉동고가 없었기 때문에 보존해 둔 눈이나 얼음을 이용해서 만든 것 같아요. 얼음은 0도이지만 얼음에 소금 등을 섞는 것으로 0도보다 온도를 더 낮출 수 있거든요. 옛날 사람들은 아마 이런 방법을 이용해서 아이스크림을 만들었을 거예요.

카레는 왜 매울까?

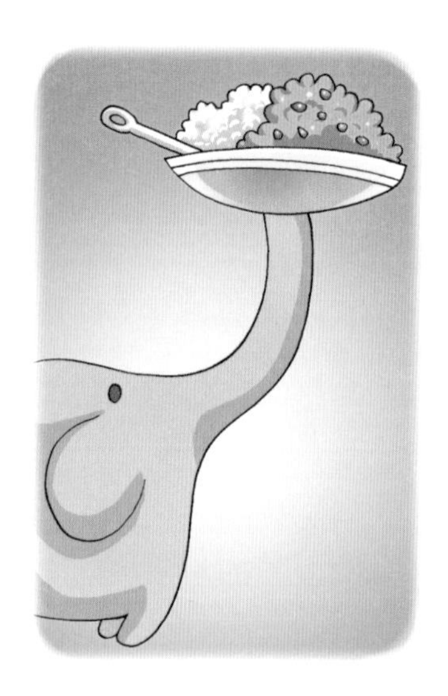

고기와 야채가 많이 든 카레는 맛있어요. 매운 음식을 잘 먹지 못하는 친구들도 카레는 좋아해요.

카레가 매운 것은 카레에 들어 있는 향신료 때문이에요. 향신료는 식물의 씨와 잎 등을 요리에 쓰기 위해서 말린 것인데, 카레에는 10~30가지 종류의 향신료가 쓰이고 있어요. 그중에는 매운 맛을 내는 고춧가루와 후추 등도 들어 있어요.

카레에 많이 들어 있는 것은 강황이라는 향신료예요. 강황이 노란색이라서 카레의 색도 노란색인 것이지요. 그런데 카레는 왜 여러 향신료를 쓰는 것일까요?

카레는 원래 인도 음식이에요. 인도에서는 오래전부터 여러 가지 향신료가 약으로 사용되었어요. 고춧가루는 비타민C를 많이 함유하고 있는 향신료인데, 매운맛을 내서 식욕을 불러일으키는 작용을 해요. 또한 강황은 소화를 돕고 몸에 나쁜 것을 밖으로 배출하는 작용을 해요. 카레에는 위를 튼튼하게 하고 기분을 좋게 하는 향신료도 들어 있어요.

젤리는 왜 물컹물컹할까?

젤리의 재료는 동물 가죽과 뼈를 삶으면 나오는 젤라틴이라는 단백질이에요.

젤라틴에 물을 더하고 가열하면 물속으로 퍼져요. 식으면 서로 당기면서 뭉쳐 마치 그물망처럼 돼요. 그 그물망 사이에 물이 들어가서 빠져나오지 못하고 굳은 것이 바로 젤리예요. 젤라틴은 굳었지만 그물망을 연결하는 힘이 세지 않아서 부드럽고 물컹물컹해져요.

젤리와 비슷한 먹을거리로 한천이 있어요. 한천은 우뭇가사리라는 해초로 만들어요. 우뭇가사리를 물에 삶으면 걸쭉한 액체가 만들어지고 그것을 식히면 물컹물컹하게 굳어요.

한천에는 식이섬유가 포함되어 있어요. 식이섬유도 젤라틴과 마찬가지로 차가워지면 서로 엉겨서 그물망을 만들어요. 그 그물망 안에 물이 들어가서 물컹물컹하게 굳어요.

과자 중에 구미도 젤라틴으로 만든 거예요. 젤리보다 딱딱해서 씹는 맛이 있는데, 젤리보다 젤라틴이 많이 함유되어 있어서 수분이 적기 때문이에요.

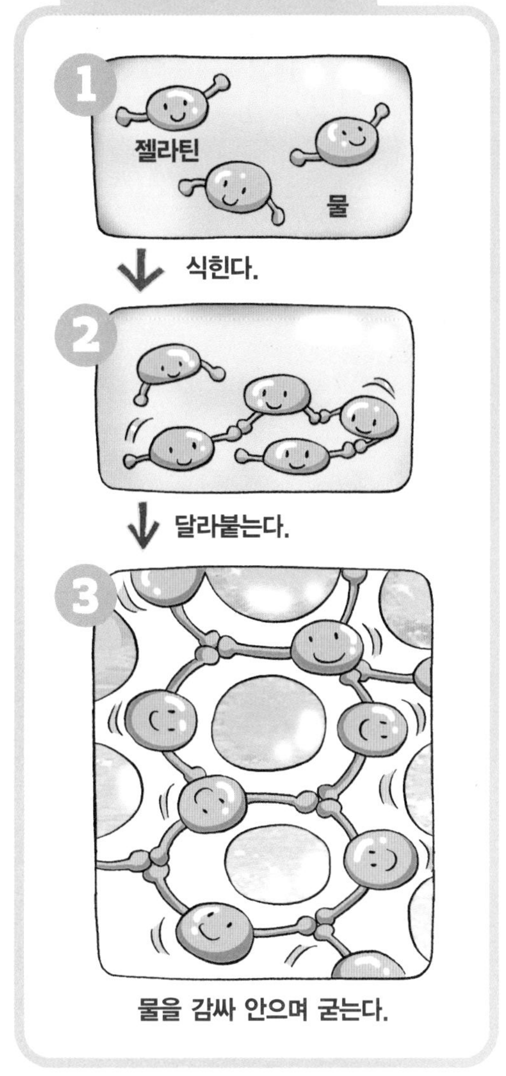

애니메이션은 어떻게 만들까?

애니메이션은 그림이 마치 살아서 움직이는 것처럼 보여요. 애니메이션의 그림은 어떻게 움직이는 것일까요?

애니메이션은 조금씩 다른 그림을 몇 장이나 계속해서 보여 줌으로써 마치 그림이 움직이는 것처럼 보이게 해요.

여러분도 한 번쯤 해 보았을 놀이인데, 책장 하나하나에 조금씩 다른 그림을 그리고 빠르게 넘기면 그 그림이 마치 움직이는 것처럼 보여요. 애니메이션도 이와 같은 구조예요.

이것은 사람의 뇌가 착각하는 것을 이용해요. 짧은 시간에 연속적인 그림을 이어서 몇 장 보면 뇌는 앞의 그림과 다음 그림 사이에 들어 있는 움직임을 알아서 보충해서 보기 때문에, 그림이 정말 움직이는 것처럼 보이는 거예요.

애니메이션은 보통 1초에 24장의 그림을 바꾸는 것으로, 움직이는 것처럼 보이게 해요. 30분 분량의 애니메이션을 만들려면 4만장의 그림이 필요해요.

하지만 똑같은 배경 사용하기, 그림 일부분만 움직이기, 같은 움직임의 그림을 반복 사용하기 등 여러 가지 방법을 이용해 필요한 그림의 숫자를 줄이는 노력도 해요.

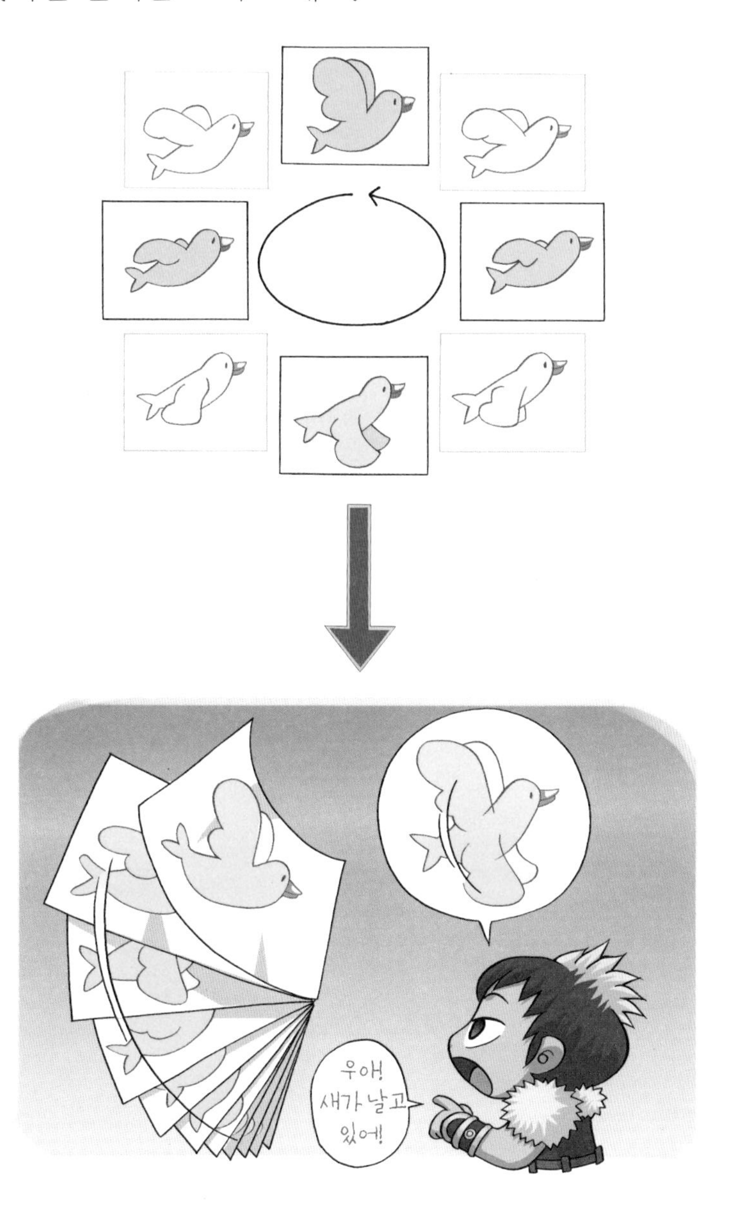

KTX의 앞부분은 왜 뾰족할까?

KTX는 다른 기차와 모양이 달라요. 특히 운전석이 있는 앞부분이 가늘고 길게 생겼어요. 왜 그럴까요? 그 이유는 KTX가 가능한 한 전기를 사용하지 않고 멀리 조용히 달리기 위해서예요.

예를 들어 볼까요?

여러분이 빨리 달리면 얼굴에 바람을 많이 받아요. 만약 50미터를 10초에 달린다면 시속 18킬로미터의 속도예요. KTX는 최고 시

속 300킬로미터의 속도로 달려요. 사람이 달릴 때보다 약 277배나 더 바람을 맞는 거예요. 만약 KTX가 뾰족한 모양을 하고 있지 않다면 바람을 많이 맞아서 시끄러운 소리가 날 뿐만 아니라 앞으로 나아가기 힘들고, 달리기 위한 전기가 많이 필요할 거예요.

또한 우리나라는 좁아서 산을 뚫고 터널을 만들어서 선로를 잇고 있어요. KTX 철로에도 터널이 많고 터널 부근에는 집도 많아요. KTX가 엄청난 속도로 좁은 터널 안에 들어가면 어떻게 될까요?

안의 공기가 심하게 눌려서, 출구로 힘차게 빠져나와요. 그때 '탕' 하는 시끄러운 소리와 진동이 일어나겠지요. 그 결과 터널 부근에 사는 사람들에게는 큰 피해를 주게 돼요.

그래서 KTX는 터널 안으로 공기를 밀어 넣지 않도록 가늘고 긴 모양을 하고 있어요. KTX의 모양은 여러 가지 모형을 만들어서 실험하고, 컴퓨터로 계산을 수백 번 반복해서 결정한 거예요.

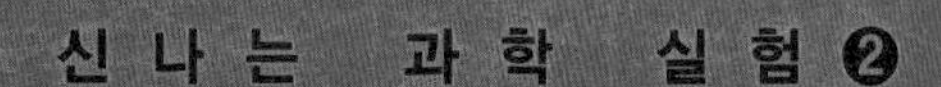

전자레인지로 감자 칩 만들기

전자레인지는 차가운 음식을 눈 깜빡할 사이에 따뜻하게 데워요. 스위치 하나로 언 것을 녹이거나 날 것을 삶거나, 찌는 등 각종 조리를 할 수 있어요. 정말 편리한 전자 제품이지요.

전자레인지는 마이크로파가 음식 안에 함유된 물 알갱이를 심하게 흔들어서 열을 내게 하고, 그 열로 음식을 데워요. 그런데 너무 데우면 물 알갱이는 수증기가 되어서 음식 밖으로 달아나요.

만약 전자레인지로 조리를 하는데 시간을 잘못 설정하면 어떻게 될까요?

음식이 바싹바싹하게 된답니다. 이것은 수분이 밖으로 달아나 건조해졌기 때문이에요. 전자레인지에 넣을 때 랩으로 싸면 건조를 조금이라도 줄일 수 있어요.

전자레인지의 건조시키는 힘을 편리하게 이용할 수도 있어요. 봉지를 따고 시간이 지난 김은 공기 중의 수분을 빨아들여 눅눅해지고 맛

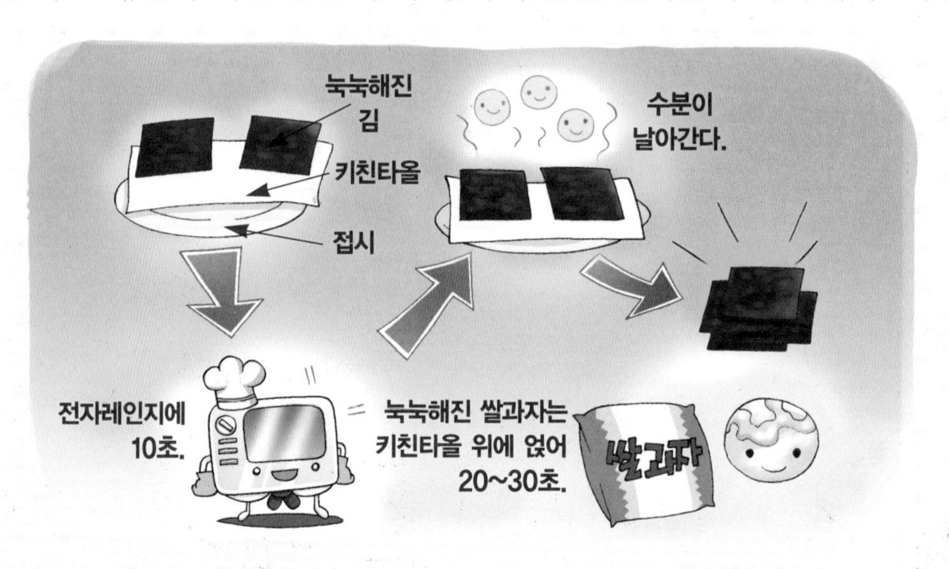

이 떨어져요. 이럴 때 전자레인지에서 10초 정도 데우고 바깥에서 식히면 원래의 바싹바싹한 식감이 되돌아와서 맛있게 먹을 수 있어요. 전자레인지에서 데우고 바깥에서 식히는 동안 열로 데워진 수분이 증발했기 때문이에요. 눅눅해진 쌀과자도 같은 방법으로 바싹바싹하게 만들 수 있어요.

이번에는 전자레인지의 건조시키는 힘을 이용해서 감자 칩을 만들어 보아요. 얇게 썬 감자를 전자레인지에서 3분 정도 가열하면 돼요. 그리고 식히면 바싹바싹한 감자 칩이 완성되지요. 가게에서 파는 감자 칩은 기름으로 튀겼지만 전자레인지를 이용할 때는 기름을 사용하지 않아요.

감자 안의 수분을 날려서 건조시키는 것만으로 간단하게 만들 수 있어요. 먹기 전에 소금과 후추를 뿌리면 더욱 맛있는 감자 칩이 된답니다.

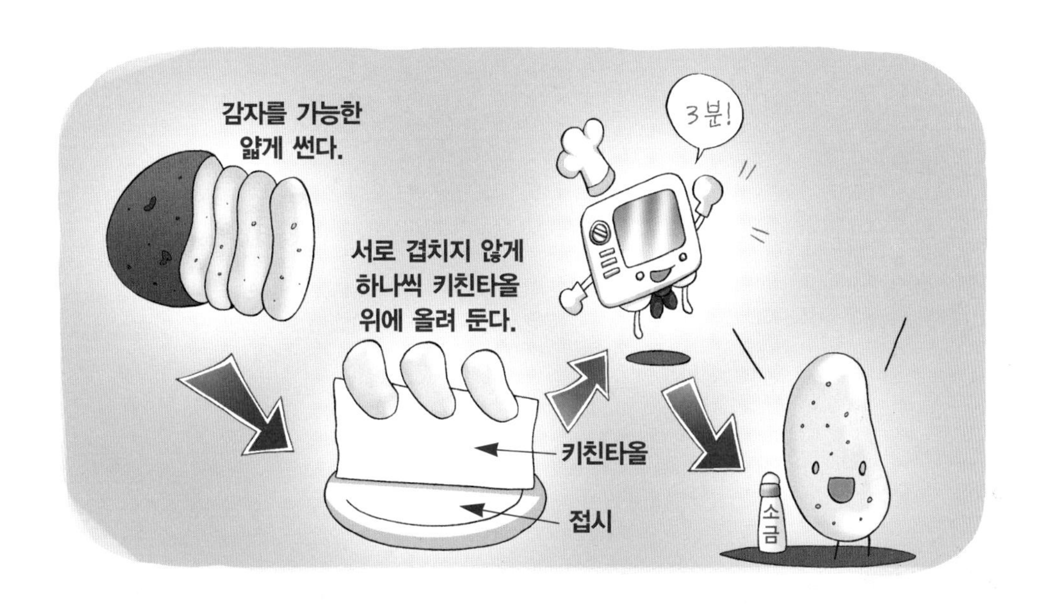

과학이야기 Level 04

지구와 우주

바람은 왜 불까?

바람은 마음대로 부는 것 같지만 절대 그렇지 않아요. 바람이 불 때는 어떤 정해진 조건이 있어요. 따뜻한 방의 창문을 열면 바깥에서 차가운 바람이 들어와요. 왜 그럴까요?

공기는 따뜻해지면 부풀어서 열어지고, 반대로 차가워지면 줄어들어 진해져요. 때문에 따뜻한 방의 공기는 엳고, 차가운 바깥의 공기는 짙어요. 이때 공기는 같은 진한 정도가 되기 위해서 방 바깥에서 안으로 이동해요.

이렇게 바람은 공기가 짙은 곳에서 엳은 곳으로 움직이는 것으로 발생해요.

태양이 지면을 데

우면 그 열로 지면 부근의 공기가 따뜻해지고 가벼워져서 위로 올라가요. 따뜻해진 공기가 위로 올라가면 지면의 공기는 옅어져요. 여기에 상공에서 식어서 내려온 공기가 흘러 들어와요. 이런 공기의 움직임이 바람으로 느껴지는 거예요.

바람은 공기가 짙은 곳과 옅은 곳이 생기면, 여러 곳에서 만들어져요. 해안에서는 낮에 태양이 내리쬐면 육지의 공기가 데워져서 상공으로 올라가고, 공기가 옅어져요. 거기에 잘 데워지지 않는 바다에서 바람이 불어오는데, 이것을 바닷바람이라고 해요.

밤이 되면 바다는 육지보다 잘 식지 않으므로, 낮과는 반대로 육지에서 바다를 향해서 바람이 불어요. 이것은 뭍바람이에요.

또한 겨울 동안 아시아 대륙은 차가워져서 차갑고 짙은 공기로 뒤덮여요. 하지만 바다는 육지와 비교해서 잘 차가워지지 않기 때문에 아시아 대륙에서 태평양을 향해 차가운 북풍이 불어요. 이 바람이 겨울 계절풍이지요.

일기 예보는 어떻게 알 수 있을까?

저녁노을이 아름다우면 그다음 날은 날씨가 맑다는 말을 해요. 오래전부터 사람들은 일상생활 속에서 날씨가 바뀌는 규칙을 찾았어요. 옛날 사람들도 지금의 우리들처럼 내일 날씨가 궁금했나 봐요.

17세기에서 19세기에 걸쳐 유럽에서는 온도계, 기압계(공기가 얼마나 짙고, 옅은지를 재는 기구), 습도계(공기 안에 있는 물의 양을 재는 기구)가 발명되어 날씨와 기온, 기압, 습도 사이에 서로 관계가 있다는 것을 알아냈어요.

19세기에는 전신과 전화가 발명되어 멀리 있는 사람과 날씨의 변화, 기온, 기

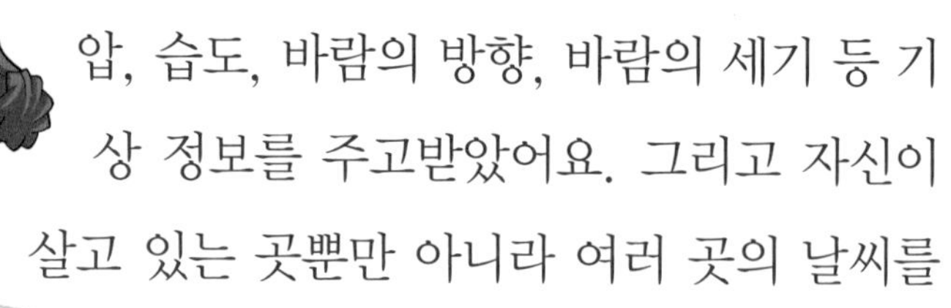

압, 습도, 바람의 방향, 바람의 세기 등 기상 정보를 주고받았어요. 그리고 자신이 살고 있는 곳뿐만 아니라 여러 곳의 날씨를 지도에 그리는 일기도를 만들었어요.

일정한 시간마다 일기도를 그리면 날씨가 어떻게 변화하는지 알게 되고 앞으로의 날씨를 예상할 수 있어요.

예를 들어, 우리나라 부근의 날씨는 서쪽에서 동쪽으로 이동하는 경우가 많아요. 지금 우리나라 서쪽의 도시인 서울에서 비가 내리면 내일은 우리나라 동쪽인 강원도에서 비가 내릴 것을 예상할 수 있는 것이지요. 일기를 정확하게 예상하기 위해서는 가능한

많은 장소에서 기온과 기압 등을 조사하고 일기의 변화를 자세하게 아는 일이 중요해요.

최근에는 기온, 기압, 습도, 비의 양, 바람의 방향, 바람의 세기 등을 자동으로 조사해서 보내는 장치가 전국에 설치되어 있어요. 일기를 예보하기 위해서는 하늘에서의 기상 데이터도 필요해요. 그래서 기구를 올리고 조사하거나, 날아가는 비행기로부터도 데이터를 받기도 해요.

우리나라의 천리안 위성은 기상 관측 임무를 수행해요. 구름의 사진, 바다, 육지의 온도 등의 정보를 우주로부터 받아요. 비를 내리게 하는 구름이 어디에 있는가를 조사하는 기상 레이더도 활약해요. 또한 바다 위 데이터와 외국의 기상 데이터도 모두 받아요.

이렇게 모은 데이터를 컴퓨터에 돌려, 앞으로 일기가 어떻게 변할지 계산해요. 그 결과를 기상 전문가가 보고 확인한 다음, 각 지방의 지형이나 날씨의 특징 등을 생각해서 일기 예보를 발표하는 거예요.

신기루는 무엇일까?

옛날에 사막을 여행하는 것은 목숨을 거는 일이었어요. 사막에는 강이나 호수가 드물어 물을 얻기가 참으로 어려웠거든요. 사막을 여행하다가 눈앞에 물이 있는 오아시스를 발견하는 일은 큰 축복이었어요.

그런데 "나는 이제 살았다! 물을 마음껏 마실 수 있다."면서 오아시스가 보이는 곳으로 달려갔는데, 아무것도 없어요. 사막에서는 이런 일이 종종 생겨요. 도대체 어떻게 된 일일까요?

오아시스라고 생각한 것은 신기루였어요. 물처럼 보인 것이 사실은 하늘이었던 것이지요. 지평선을 사이에 두고 위아래로 하늘이 보이는데, 아래에 비친 하늘이 호수처럼 보인 것이에요. 왜 이렇게 보였을까요?

빛은 대개 똑바로 나아가요. 그런데 짙은 공기와 엷은 공기가 있는 곳에서는 빛이 굽어서 나아가요. 사막에서는 지면에 가까

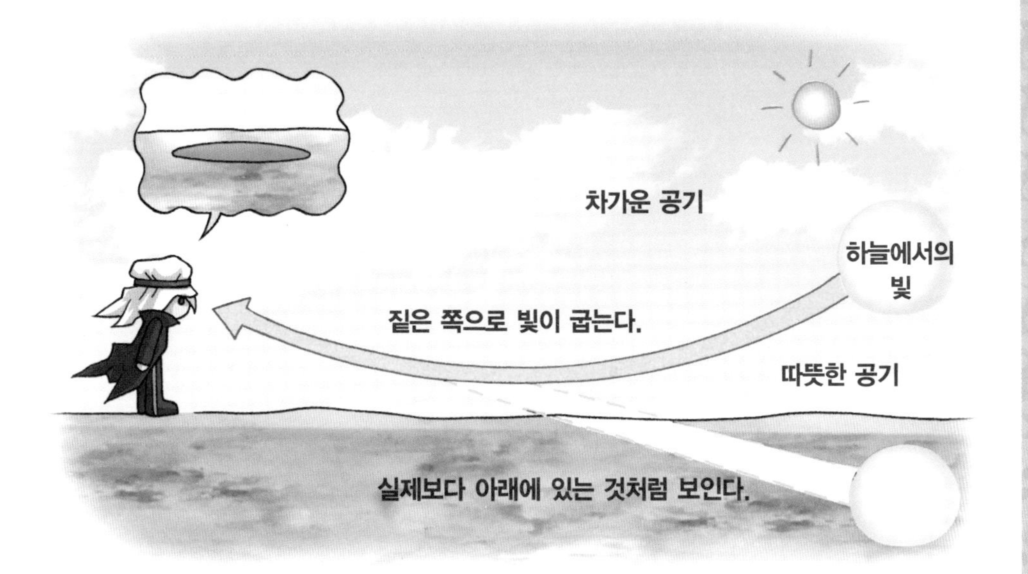

운 쪽의 공기가 따뜻하고 농도가 옅어요. 반대로 상공에는 차갑고 짙은 공기가 있어요. 그래서 하늘에서의 빛이 굽어서 사람의 눈에 들어오기 때문에, 실제보다 아래에 있는 것처럼 보이는 일이 있어요.

신기루 현상의 하나로, 멀리서 보면 물이 흐르는 것처럼 보이다가 다가가면 또 멀어져 보이는 현상이 있어요.

더운 날, 멀리 아스팔트 지면을 보세요. 길이 젖어 있는 것처럼 보일 때가 있어요. 이것도 하늘이나 자동차 등이 거꾸로 지면에 비치기 때문에 길이 젖어 있는 것처럼 보이는 거예요. 사막의 신기루와는 반대로

아래가 차갑고 위가 따뜻한 경우에도 신기루가 생겨요.

일본에서는 도야마 만에 면해 있는 우오즈 시에서 볼 수 있는 신기루가 유명해요. 도야마 만의 신기루는 눈이 녹아서 생긴 차가운 물이 흘러들어가 차가워진 해수 위로 따뜻한 공기가 흘러들어왔을 때 발생해요. 실제로 풍경이 세로로 늘어져 보이기도 하고 위아래가 거꾸로 된 풍경이 보이기도 해요.

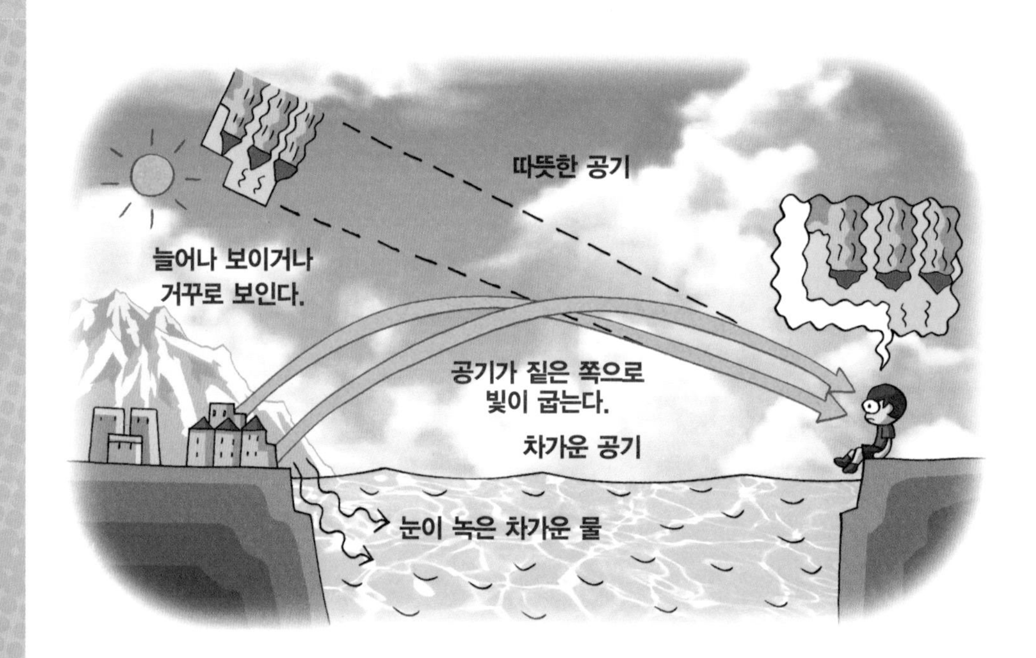

만조와 간조는 왜 있을까?

해수욕장에 가면 바닷물이 밀려오는 정도가 시간에 따라 달라지는 것을 알 수 있어요. 바닷물이 모래사장 위에까지 밀려오는, 즉 해수면이 가장 높아진 상태를 만조, 바닷물이 모래사장에서 바다 쪽으로 멀어져 해수면의 높이가 가장 낮아진 상태를 간조라고 해요.

혹시 만유인력을 알고 있나요? 만유인력은 물건과 물건 사이에 작용하는, 서로 끌어당기는 힘이에요. 우리들은 잘 느끼지 못하지만 무게가 있는 모든 물건과 물건 사이에는 만유인력이 작용하고 있어요.

만유인력(보통 인력이라고 해요.)은 지구와 달 사이에서도 작용해요.

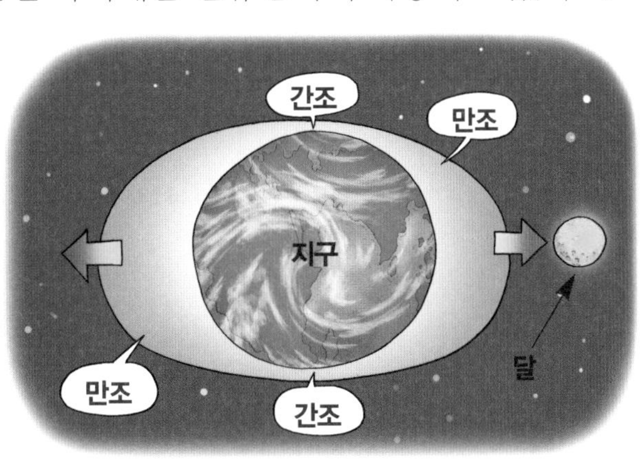

만조와 간조는 달의 인력이 지구의 바닷

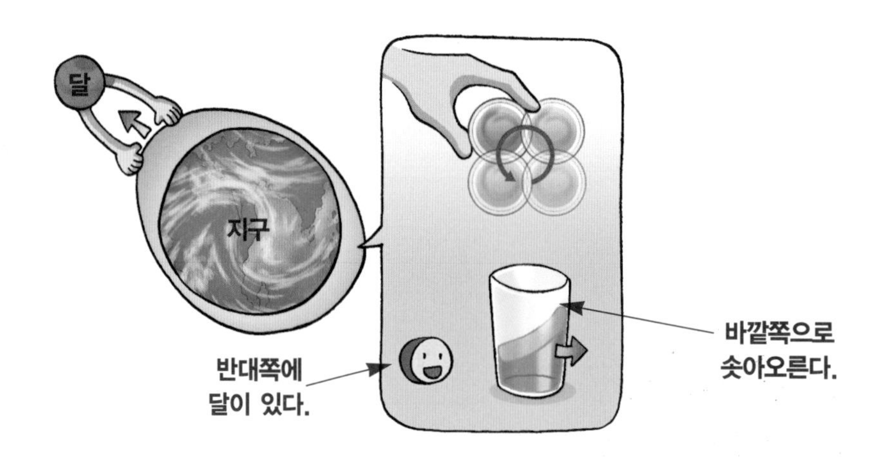

물을 당기기 때문에 생기는 거예요.

지구의 한쪽, 즉 달에 가까운 쪽 바다에서는 바닷물이 달에 쭉 잡아당겨져 솟아나기 때문에 만조가 돼요. 이때 반대쪽에 있는 바다도 만조가 돼요. 이것은 무엇 때문일까요?

달은 지구 주변을 돌고 있지만 사실은 지구도 달에 당겨져 작게 돌고 있어요.

컵에 물을 조금 담고 작은 원을 그리듯이 돌려 보세요. 이는 마치 지구가 도는 것과 같아요. 회전하는 바깥쪽으로 물이 올라가는 것을 알 수 있어요. 이와 마찬가지로 달의 반대쪽 바닷물도 솟아올라요. 이렇게 지구 양쪽에 바닷물이 모여서 만조가 돼요. 한편 중간에 있는 바다는 바닷물이 줄어들어서 간조가 된답니다.

달뿐만 아니라 태양의 인력으로도 바닷물을 끌어당기고 있어요. 태양은 달보다 훨씬 멀리 있기 때문에 그 인력은 달의 반 정도 작용해요.

매달 음력 보름날과 그믐날에는 태양과 달, 지구가 일직선상에 서게 돼요. 양쪽의 인력으로 만조와 간조가 가장 커지는데, 이때를 '한사리'라고 해요.

한편 매달 음력 7, 8일과 22, 23일쯤, 즉 반달이 뜰 때는 달과 태양의 인력이 가장 약하게 작용하는 위치에 와요. 그래서 조수 간만의 차가 가장 작아요. 이때를 '조금'이라고 한답니다.

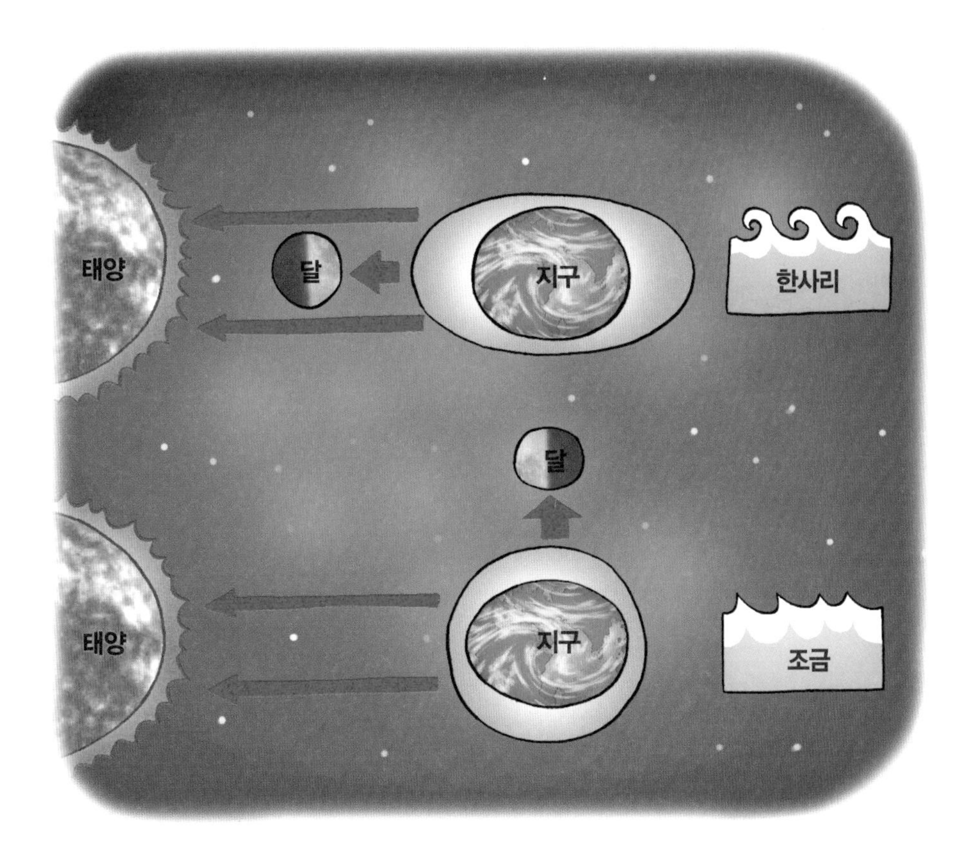

남극과 북극 중 어느 곳이 더 추울까?

남극과 북극은 지구에서 태양의 빛을 가장 적게 받는 곳이에요.

남극과 북극에서도 여름에는 긴 시간 태양을 볼 수 있어요. 하지만 태양이 낮은 곳에서 비스듬하게 비추기 때문에 땅은 잘 데워지지 않아요. 겨울이 되면 태양을 볼 수 있는 시간은 아주 조금이고, 온종일 태양을 볼 수 없는 날도 있어요. 그래서 1년 내내 기온이 낮아요.

남극이나 북극의 사진을 보면 얼음으로 뒤덮여 있어서, 추위에는 차이가 없다고 생각하는 사람도 있어요. 그러나 사실 남극이 훨씬 더 추워요.

북극과 남극의 1년 평균 기온을 비교하면 남극이 20도 정도 낮아요. 또한 지구에서 가장 추운 곳은 마이너스 89도를 기록한 보스토크 기지인데, 이 기지

도 남극에 있어요.

왜 남극이 더 추울까요? 북극은 바다 위에 떠 있는 얼음이지만, 남극은 대륙이기 때문이에요. 북극의 대부분 지역은 바다 위에 뜬 얼음 위에 있어요. 이 얼음 밑에는 바닷물이 있는데, 바닷물은 얼지 않았기 때문에 온도는 생각보다 낮지 않아요. 0도보다 조금 낮은 정도지요. 그래서 얼음 위도 별로 춥지 않아요.

그런데 남극은 대륙이라 오랫동안 만들어진 두꺼운 얼음에 싸여 있어요. 얼음의 평균 두께는 2,450미터나 되고 더 두꺼운 곳에서는 얼음의 두께가 4천 미터가 넘어요. 높은 산은 평지보다 기온이 낮아요. 남극은 얼음으로 이루어진 높은 산 위에 있는 것과 같아서 매우 추워요.

한반도도 마찬가지예요. 바다에서 떨어진 내륙으로 갈수록 추워져요. 남극은 대륙이기 때문에 대부분의 장소가 바다와 떨어진 내륙에 있어요. 이런 이유로 얼음으로 덮인 대륙에 있는 남극은 물 위에 떠 있는 북극보다 추운 거랍니다.

지구는 어떻게 만들어졌을까?

지구는 태양 주변을 도는 행성 중 하나예요. 지구의 형제라고 할 수 있는 행성에는 금성, 화성, 목성, 토성 등이 있어요. 46억 년 전, 지구는 태양이 탄생할 때 이 형제 행성들과 함께 태어났어요.

아주 오래전 우주를 떠다니던 가스가 모여서 천천히 줄어들기 시작했어요. 그리고 빙글빙글 돌기 시작해서 그 중심에 별이 만들어졌는데, 이것이 바로 태양이에요. 태양 주변에는 큰 원반과 같은

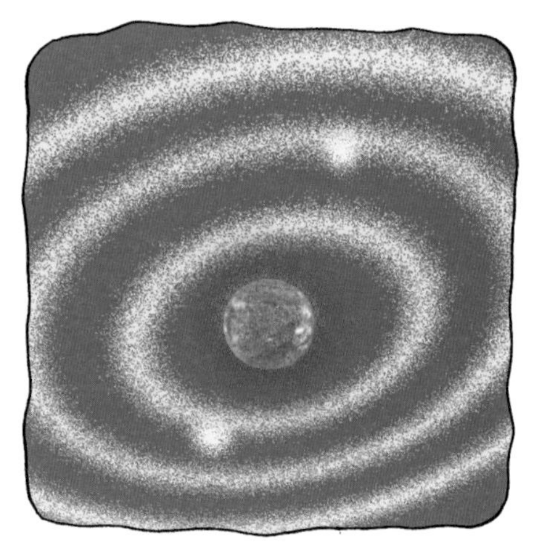

모양의 가스와 먼지 덩어리가 만들어졌어요.

이 가스와 먼지는 합쳐져서 작은 바위가 되었고, 충돌해서 부서지고 결합하는 것을 반복했어요. 몇 번이나 합쳐져 하나가 되는 일을 반복하는 사이에 덩어리가 커지고 지구, 금성, 화성과 같은 암석으로 이루어진 행성이 만들어졌어요. 또한 원반의 바깥쪽에서는 목성, 토성과 같은 가스로 이루어진 행성이 탄생했지요.

이렇게 46억 년 전에 태양과 함께 만들어진 행성의 하나가 지구예요. 갓 태어난 지구의 표면은 끈적끈적하게 녹은 마그마로 뒤덮여 있었다고 해요. 시간이 지나면서 철 등의 무거운 것이 중심부로 가라앉고, 표면에는 가벼운 암석이 남았어요. 그리고 암석은 식어서 굳었지요. 그러자 지구를 뒤덮고 있던 수증기도 식어서 물이 되고, 비가 내렸어요. 그리고 그 빗물이 모여서 바다가 되었답니다.

이 무렵 지구에는 아직 생물이 없었어요. 그렇다면 언제 생물이 탄생했다고 생각하나요?

① 약 40억 년 전

② 약 4억 년 전

③ 약 4천만 년 전

정답은 ①번이에요. 40억 년 전 바닷속에 최초의 생물이 탄생했어요. 생물은 긴 시간에 걸쳐서 진화를 반복하고 각종 생물이 여기서부터 탄생했지요. 육상에서 동물과 식물이 살게 된 것은 4억5천만 년 전의 일이에요.

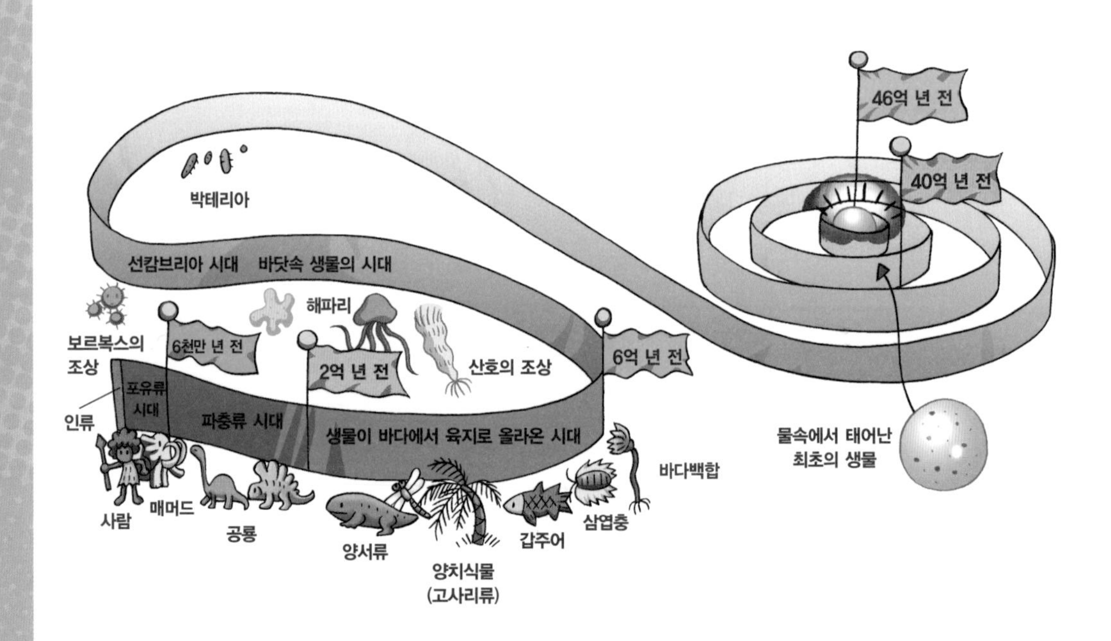

그렇다면 우리 인류가 나타난 것은 언제라고 생각하나요?

① 약 2억 년 전

② 약 3천만 년 전

③ 약 7백만 년 전

정답은 ③번이에요. 이제까지 발견된 인류의 화석 중 가장 오래된 것이 약 7백만 년 전의 것이에요.

46억 년이나 되는 지구의 역사를 하루(24시간)로 보고 밤 0시에 지구가 태어났다고 한다면, 최초로 생물이 나타난 것은 오전 3시가 조금 지난 무렵이에요. 육지에 동물과 식물이 살게 된 것은 밤 9시 반 지나서, 인류가 나타난 것은 밤 11시 58분경이 돼요. 지구의 긴 역사에서 본다면, 인류의 역사는 아주 짧아요.

별똥별은 무엇으로 만들어졌을까?

별똥별이 보이는 동안 소원을 빌면 그 소원이 이루어진다는 말이 있어요. 그러나 별똥별은 갑자기 나타나 눈 깜빡할 사이에 사라지기 때문에 소원을 빌 시간이 거의 없어요.

별똥별의 정체는 우주에서 지구를 둘러싼 공기 안으로 날아오는 먼지(모래와 같은 작은 알갱이)예요. 먼지가 공기와 마찰하면 몇천 도라는 높은 온도가 되고, 빛을 내면서 타요. 이는 타고 있는 동안만 빛을 내고 그 뒤에는 사라지기 때문에 휙하고 떨어지는 것처럼 보여요.

별똥별이 되는 먼지의 대부분은 혜성이 남긴 거예요. 혜성은 지구나 화성처럼 태양 주변을 돌고 있는 천체(항성, 행성, 위성 등 우주에 존재하는 모든 물체)예요.

희미하게 빛을 내는 꼬리를 가진 별 사진을 본 적이 있나요? 바로 그것이 혜성이에요. 혜성의 정체는 얼음과 바위 덩어리랍니다.

혜성은 태양에게 다가가면 수증기와 먼지를 뿜어내기 때문에 꼬

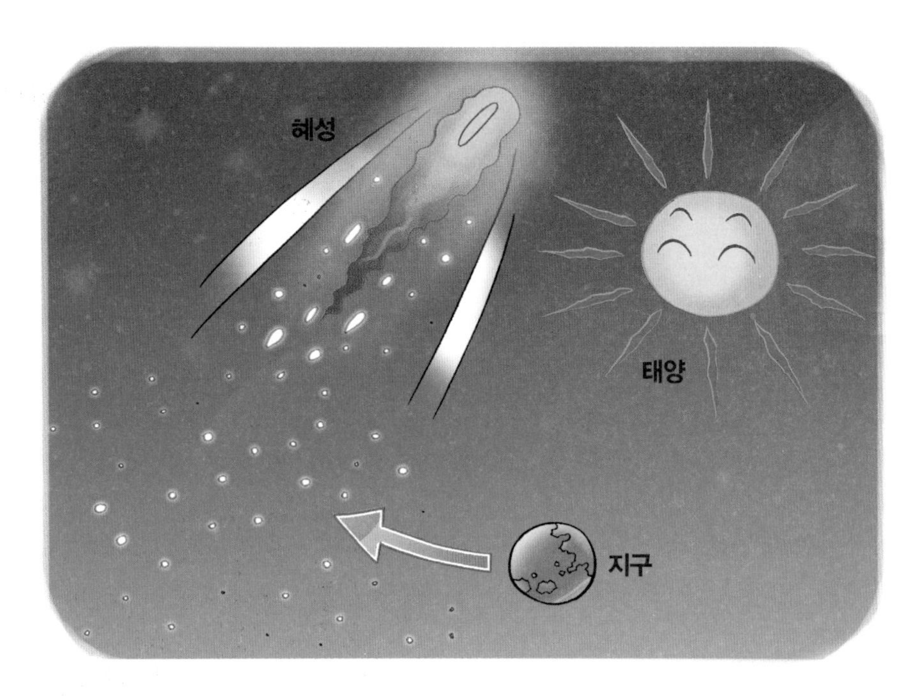

리를 가진 것처럼 보여요.

혜성이 지나간 길에는 작은 먼지가 많이 남아요. 이런 먼지가 지구 공기 중에 날아와서 별똥별이 되는 거예요.

별똥별처럼 빛을 내지만 완전히 타지 않고 떨어지는 돌이 있는데, 이것을 운석이라고 해요. 운석 중에는 소행성이나 그 조각이 대기 중으로 날아 들어와 완전히 타지 않고 남아서 생기는 경우도 있어요.

태양계에는 8개의 큰 행성과 그 행성들의 위성 외에 무수히 많은 소행성이 있어요. 소행성은 크기도 다양하고, 가장 큰 것은 달보다 조금 작은 정도의 크기예요.

아주 오래전(6천5백만 년 전) 거대한 운석이 지구에 떨어졌어요. 학자들은 그 영향으로 기후가 크게 바뀌고 공룡이 멸종했다고 생각해요.

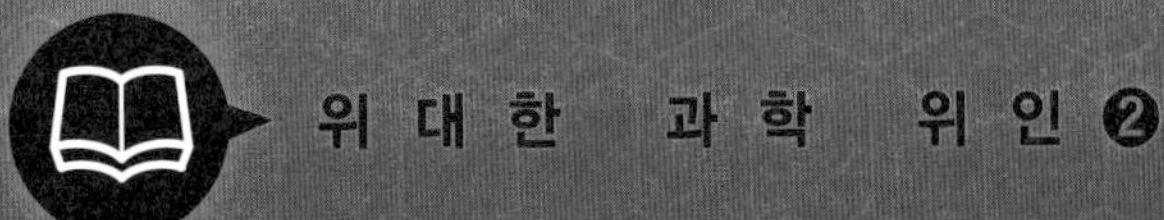

최초로 전화기를 만든 발명가

알렉산더 그레이엄 벨

(1847~1922)

지금부터 150여 년 전, 영국 어느 마을에서 일어난 일이에요. 개구쟁이 소년 그레이엄의 친구 중에 방앗간 집 아들이 있었어요. 방앗간에서는 밀을 빻아서 밀가루를 만드는 일을 해요. 옛날에는 지금처럼 기계가 없어서 물레방아를 이용했지요.

그러던 어느 날 친구와 그레이엄이 방앗간에서 놀고 있는데 친구 아버지가 지친 얼굴로 이렇게 말했어요.

"얘들아, 미안한데 잠깐 일을 도와주지 않겠니?"

"무슨 일이요? 저희들이 할 수 있는 거예요?"

"물론이지. 밀 껍질을 벗기는 일이야."

"좋아요. 재미있을 것 같아요."

두 사람은 기분 좋게 방앗간 일을 도왔어요. 그런데 밀 껍질을 벗기는 일은 예상보다 훨씬 힘들었어요. 밀 껍질은 딱딱해서 쉽게 까지지 않았거든요.

'너무 힘들잖아. 무슨 좋은 방법이 없을까?'

그레이엄은 방앗간 주변을 살펴보면서 생각했어요. 그때 그레이엄은 손톱의 때를 벗겨 내는 손톱 솔을 발견했어요.

"그래, 이것으로 한번 문질러 보자!"

친구와 둘이서 딱딱한 털로 만들어진 손톱 솔로 밀을 문지르자 밀 껍질이 손으로 할 때보다 훨씬 빠르고 쉽게 벗겨졌어요. 하지만 그레이엄은 이것으로 만족하지 않고 좀 더 좋은 방법을 찾기 시작했어요.

잠시 생각에 잠긴 그레이엄의 머릿속에서 '이 솔을 나무통 안에 붙이고 그 안에 밀을 넣어 물레방아의 힘으로 돌리면 어떨까?' 라는 생각이 떠올랐어요. 그리고 실제로 했더니 대성공을 거두었어요. 통

안에서 손톱 솔과 부딪친 밀의 껍질이 깨끗하게 벗겨진 거예요.

"정말 고맙구나. 그레이엄, 넌 크면 분명 훌륭한 발명가가 될 거야!"

그레이엄의 아이디어에 감동받은 친구의 아버지는 그레이엄을 칭찬했어요.

알렉산더 그레이엄 벨은 1847년 3월 3일 영국 북부 에든버러에서 3형제 중 차남으로 태어났어요. 아버지는 귀가 불편한 사람을 위한 '농아 교육'의 전문가로 세계적으로 유명했어요. 벨의 아버지는 귀가 들리지 않아서 발음을 잘하지 못하는 사람들을 위해서 입 모양, 혀의 위치로 발음 방법을 가르치는 시화법을 발명하고 세계 최초로 농아 학교를 설립했어요. 어머니는 뛰어난 음악적 재능을 가진 사람으로 세 아들에게 피아노를 가르쳤어요. 이런 가정환경에서 자란 그레이엄은 어렸을 때부터 목소리와 소리에 흥미를 가졌어요.

어른이 된 벨은 그리스 어, 라틴 어, 음악, 식물학, 박물학, 수학, 지리 등 여러 학문을 배웠어요. 그 중에서도 벨은 아버지의 일과 관계가 있는 발성학에 특별한 관심을 가졌어요. 물론 아버지가 발명한 시화법도 이미 다 익힌 상태였지요.

또한 전기학 교수이자 발명가인 휘트스톤으로부터 전신(전류와 전파를 이용한 통신)에 대해서

배우고 흥미를 가졌어요.

전신은 미국인 모스(1791~1872)가 발명한 통신 방법으로 전기의 흐름을 이용한 편지였어요. 즉 전류를 끊고 잇는 것으로 문자를 나타내는 신호를 보내는 것이었지요.

전신을 배운 벨은 이런 생각을 했어요.

'모스의 전신은 하나의 전선으로 하나의 통신만 가능해. 동시에 많은 통신이 가능하다면 더 편리할 텐데. 아니, 사람의 말을 그대로 보낼 수 있다면 얼마나 편리할까?'

하지만 벨은 학교를 졸업하면서 아버지의 뒤를 잇는 길을 선택했어요. 20세가 넘자 벨은 바쁜 아버지의 일을 대신할 정도가 되었어요. 그런데 벨이 23세가 되던 해에 결핵이라는 무서운 병에 걸리게 되었어요. 당시 벨의 가족은 이미 벨의 형과 동생을 잃은 상황이었어요.

의사는 벨의 부모에게 이렇게 말했어요.

“이대로는 반년도 못 살아요. 공기가 좋은 곳으로 가서 요양을 하는 것이 가장 좋은 방법입니다.”

의사의 말에 따라 벨의 가족은 영국보다 공기가 좋고 같은 언어인 영어를 사용하는 캐나다로 이주했어요.

다행히 벨의 병은 1년 후, 완전히 낫게 되었어요. 그리고 그때 마침 캐나다의 이웃 나라인 미국의 보스턴에서 시화법을 가르치는 일자리가 생겨서 벨은 혼자서 보스턴으로 이주했어요. 농아 교육의 교사로 시화법을 가르치고, 청각 장애를 가진 아이들의 교육과 훈련도 하게 되었어요.

벨의 일은 대단히 큰 성과를 올리게 되어 벨은 26세의 나이로 보스턴 대학의 교수가 되었어요. 주변 사람들은 벨이 아버지처럼 훌륭한 교육자가 될 것이라고 생각했어요.

그러던 어느 날 벨의 운명을 바꾸는 일이 생겼어요.

벨의 소문을 듣고 청각 장애아의 부모인 샌더스와 허버드가 그를 가정 교사로 초빙한 거예요.

하지만 이 일을 할 경우, 옆 마을에 있는 샌더스의 저택으로 이사를 가야 하기 때문에 대학교수의 일을 그만두어야 했어요.

벨은 깊은 고민 끝에 가정 교사가 되기로 결심했어요. 자식을 생각하는 두 사람의 마음에 감동을 받은 것이지요.

가정 교사를 하면서 자유로운 시간이 많아진 벨은 학창 시절 꿈이었던 전신 개량을 시도했어요. 하나의 전선으로 몇 개의 통신이 가능하도록 하는 것이었어요.

이 사실을 안 샌더스와 허버드는 실험을 위한 비용을 대고, 전기에 대해 잘 아는 왓슨이라는 조수까지 구해 주었어요. 이렇게 벨은 생각지도 못한 발명의 길에 발을 내딛었어요.

벨과 왓슨은 매일매일 한 개의 전선으로 8개의 신호를 보내는 실험을 반복했어요. 신호를 보내는 송신기가 있는 방에는 왓슨이, 신호를 받는 수신기가 있는 방에는 벨이 각각 다른 방에 들어가 아침부터 밤늦게까지 실험을 했어요. 그러나 실험은 좀처럼 성공하지 못했어요.

그렇게 실험을 반복하던 어느 날, 송신기의 진동판이 철 부분에 달라붙어 버렸어요.

"이런, 이렇게 전류가 계속 이어져 있으면 전신을 보낼 수가 없잖아."

왓슨은 진동판을 떼기 위해서 진동판을 몇 번이고 두드리고 있었어요.

"지금 무슨 짓을 한 거야? 수신기에서 이상한 소리가 났어!"

옆방에 있던 벨이 깜짝 놀란 얼굴로 왓슨이 있는 방으로 뛰어왔어요.

왓슨이 지금까지의 상황을 설명하자, 벨의 눈이 갑자기 반짝였어요.

"그렇구나. 전류가 이어진 상태에서 진동판을 손가락으로 두드리면 그 진동이 전류의 강약으로 바뀌어서 전달되는 거야. 그러니까 사람이 말하는 소리의 진동을 전류로 바꾸어서 전달한다면 사람의 소리를 보낼 수 있을 거야!"

이때의 발견을 발판으로, 벨은 전신의 개량에서 전화기 발명으로 목표를 바꾸었어요. 그리고 1876년 3월 10일, 9개월 동안 왓슨과 함께 실험을 한 벨은 드디어 전화를 만들었어요.

다음 해 벨은 샌더스와 허버드 그리고 왓슨의 도움으로 전화 회사를 만들었어요. 먼 곳에 있는 사람과 이야기할 수 있는 편리한 전화는 인기를 끌었고, 벨의 전화 회사(현재의 AT&T)는 전화 회선을 늘려 갔어요.

큰 부자가 된 벨은 농아를 위한 교육에 자신의 돈을 쓰기로 결심하고, 죽을 때까지 전화 사업으로 번 돈을 보청기 개발과 귀가 불편한 사람들을 위한 교육에 사용했어요.

1922년 8월 2일, 벨은 75세로 세상을 떠났어요. 이날 벨의 전화 회사는 1분 동안 모든 전화 회선을 사용할 수 없도록 했어요.

누구도 전화로 말할 수 없는 1분 동안 사람들은 전화를 발명한 위대한 발명가 벨에게 감사하고, 그의 죽음을 진심으로 슬퍼했어요.